BIBLIOTHÈQUE MÉDICALE

FONDÉE PAR MM.

J.-M. CHARCOT | **G.-M. DEBOVE**

ET DIRIGÉE PAR M.

G.-M. DEBOVE

Membre de l'Académie de Médecine
Professeur à la Faculté de médecine de Paris
Médecin de l'hôpital Andral

BIBLIOTHÈQUE MÉDICALE CHARCOT-DEBOVE

Reliure amateur tête dorée, le vol. 3 fr. 50

VOLUMES PARUS DANS LA COLLECTION

V. Hanot. — LA CIRRHOSE HYPERTROPHIQUE AVEC ICTÈRE CHRONIQUE.
G.-M. Debove et **Courtois-Suffit.** — TRAITEMENT DES PLEURÉSIES PURU-
LENTES.
J. Comby. — LE RACHITISME.
Ch. Talamon. — APPENDICITE ET PÉRITYPHLITE.
G.-M. Debove et **Rémond** (de Metz). — LAVAGE DE L'ESTOMAC.
J. Seglas. — LES TROUBLES DU LANGAGE CHEZ LES ALIÉNÉS.
A. Sallard. — LES AMYGDALITES AIGUËS.
L. Dreyfus-Brisac et **I Bruhl.** — PHTISIE AIGUË.
P. Sollier. — LES TROUBLES DE LA MÉMOIRE.
De Sinety. — DE LA STÉRILITÉ CHEZ LA FEMME ET DE SON TRAITEMENT.
G.-M. Debove et **J. Renault.** — ULCÈRE DE L'ESTOMAC.
G. Daremberg. — TRAITEMENT DE LA PHTISIE PULMONAIRE. 2 vol.
Ch. Luzet. — LA CHLOROSE.
E. Mosny. — BRONCHO-PNEUMONIE.
A. Mathieu. — NEURASTHÉNIE.
N. Gamaleïa. — LES POISONS BACTÉRIENS.
H. Bourges. — LA DIPHTÉRIE.
Paul Blocq. — LES TROUBLES DE LA MARCHE DANS LES MALADIES NER-
VEUSES.
P. Yvon. — NOTIONS DE PHARMACIE NÉCESSAIRES AU MÉDECIN. 2 vol.
L. Galliard. — LE PNEUMOTHORAX.
E. Trouessart. — LA THÉRAPEUTIQUE ANTISEPTIQUE.
Juhel-Renoy. — TRAITEMENT DE LA FIÈVRE TYPHOÏDE.
J. Gasser. — LES CAUSES DE LA FIÈVRE TYPHOÏDE.
G. Patein. — LES PURGATIFS.
A. Auvard et **E. Caubet.** — ANESTHÉSIE CHIRURGICALE ET OBSTÉTRICALE.
L. Catrin. — LE PALUDISME CHRONIQUE.
Labadie-Lagrave. — PATHOGÉNIE ET TRAITEMENT DES NÉPHRITES ET DU
MAL DE BRIGHT.
E. Ozenne. — LES HÉMORRHOÏDES.
Pierre Janet. — ETAT MENTAL DES HYSTÉRIQUES. — LES STIGMATES
MENTAUX.
H. Luc. — LES NÉVROPATHIES LARYNGÉES.
R. du Castel. — TUBERCULOSES CUTANÉES.
J. Comby. — LES OREILLONS.
Chambard. — LES MORPHINOMANES.
J. Arnould. — LA DÉSINFECTION PUBLIQUE.
Achalme. — ERYSIPÈLE.
P. Boulloche. — LES ANGINES A FAUSSES MEMBRANES.
E. Lecorché. — TRAITEMENT DU DIABÈTE SUCRÉ.
Barbier. — LA ROUGEOLE.
M. Boulay. — PNEUMONIE LOBAIRE AIGUË. 2 vol.
A. Sallard. — HYPERTROPHIE DES AMYGDALES.
Richardière. — LA COQUELUCHE.
G. André. — HYPERTROPHIE DU CŒUR.
E. Barié. — BRUITS DE SOUFFLE ET BRUITS DE GALOP.
L. Galliard. — LE CHOLÉRA.
Polin et **Labit.** — HYGIÈNE ALIMENTAIRE.

Boiffin. — Tumeurs fibreuses de l'utérus.

E. Rondot. — Le Régime lacté.

Pierre Janet. — Etat mental des hystériques. — Les Accidents mentaux.

Ménard. — Coxalgie tuberculeuse.

F. Verchère. — La Blennorrhagie chez la femme. 2 vol.

P. Legueu. — Chirurgie du rein et de l'uretère.

P. de Molènes. — Traitement des affections de la peau. 2 vol.

Ch. Monod et **J. Jayle.** — Cancer du sein.

P. Mauclaire. — Ostéomyélites de la croissance.

Blache. — Clinique et thérapeutique infantiles. 2 vol.

A. Reverdin (de Genève). — Antisepsie et Asepsie chirurgicales.

Louis Beurnier. — Les Varices.

G. André. — L'Insuffisance mitrale.

Guermonprez (de Lille) et **Bécue** (de Cassel). — Actinomycose.

P. Bonnier. — Vertige.

De Grandmaison. — La Variole.

A. Courtade. — Anatomie, physiologie et séméiologie de l'oreille.

J.-B. Duplaix. — Des Anévrysmes.

Ferrand — Le Langage, la Parole et les Aphasies.

Paul Rodet et **C. Paul.** — Traitement du Lymphatisme.

H. Gillet. — Rythmes des bruits du cœur (physiologie et pathologie).

Lecorché. — Traitement de la Goutte.

J. Arnould. — La Stérilisation alimentaire.

Legrain. — Microscopie clinique.

A. Martha. — Endocardites aiguës.

J. Comby. — Empyème pulsatile.

L. Poisson. — Adénopathies tuberculeuses.

E. Périer. — Hygiène alimentaire des enfants.

Laveran. — Des Hématozoaires chez l'homme et les animaux. 2 vol.

Pierre Achalme. — Immunité dans les maladies infectieuses.

Magnan et **Legrain.** — Les Dégénérés.

M. Bureau. — Les Aortites.

J.-M. Charcot et **A. Pitres.** — Les Centres moteurs corticaux chez l'homme.

E. Valude. — Les Ophtalmies du nouveau-né.

G. Martin. — Myopie, hyperopie, astigmatisme.

Achalme. — La Sérothérapie.

Du Castel. — Les Chancres génitaux et extra-génitaux

A. Robin et **M. Nicolle.** — Rupture du cœur.

Mauclair et **De Bovis.** — Des Angiomes.

Despréaux. — Emphysème pulmonaire.

Cahier. — Des Occlusions aiguës de l'intestin.

Denucé. — Le Mal de Pott.

Moure. — Le Coryza atrophique et hypertrophique.

Legry. — Les Cirrhoses alcooliques du foie.

POUR PARAITRE PROCHAINEMENT

Vigneron. — Tuberculose urinaire.

Lavrand. — Angines glanduleuses.

Hervouët. — Le Zona.

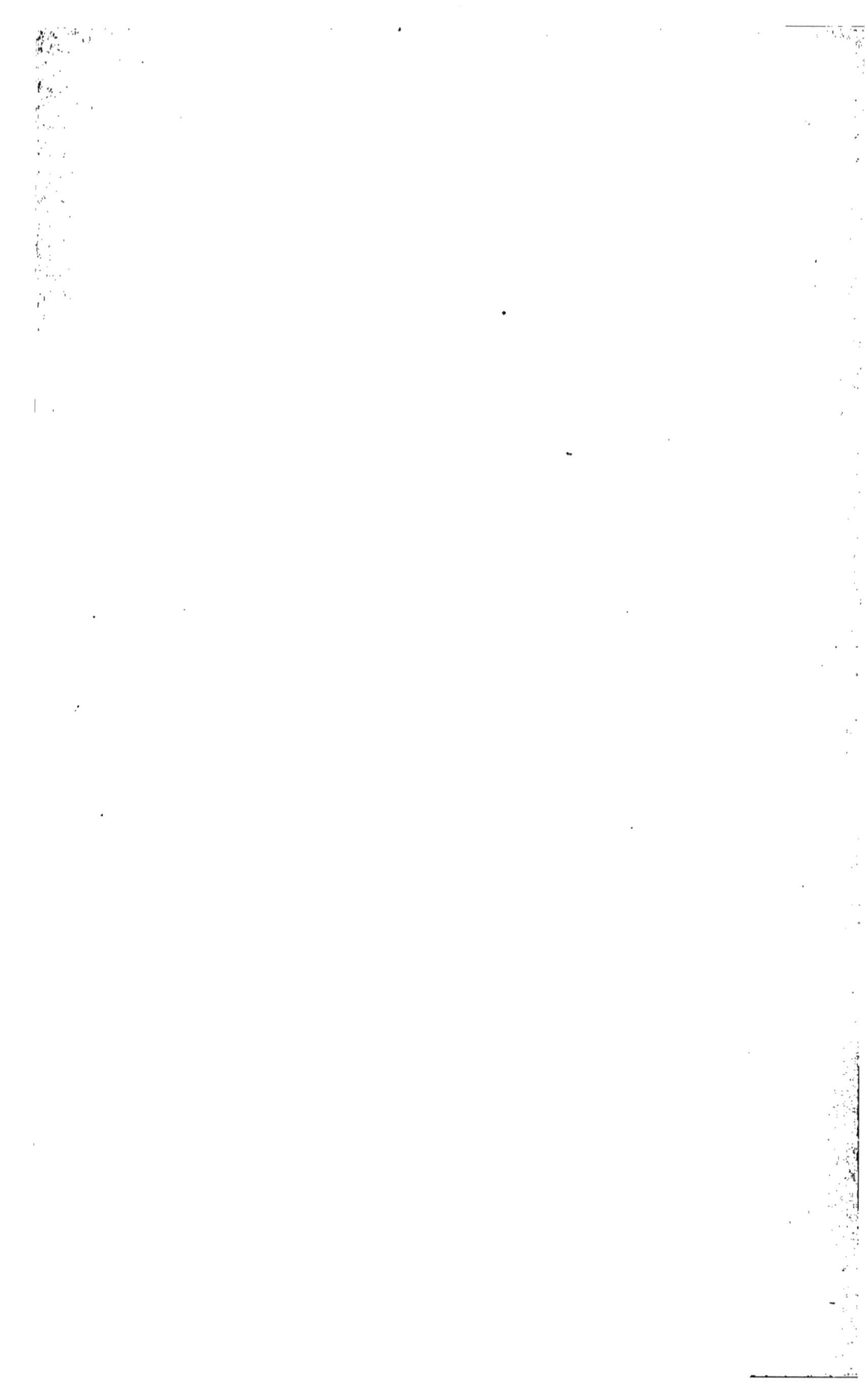

LES
CIRRHOSES ALCOOLIQUES
DU FOIE

PAR

LE DR LEGRY

ANCIEN INTERNE DES HÔPITAUX

Avec 3 Figures dans le texte

PARIS
RUEFF ET Cie, ÉDITEURS

106, BOULEVARD SAINT-GERMAIN, 106

—

1897

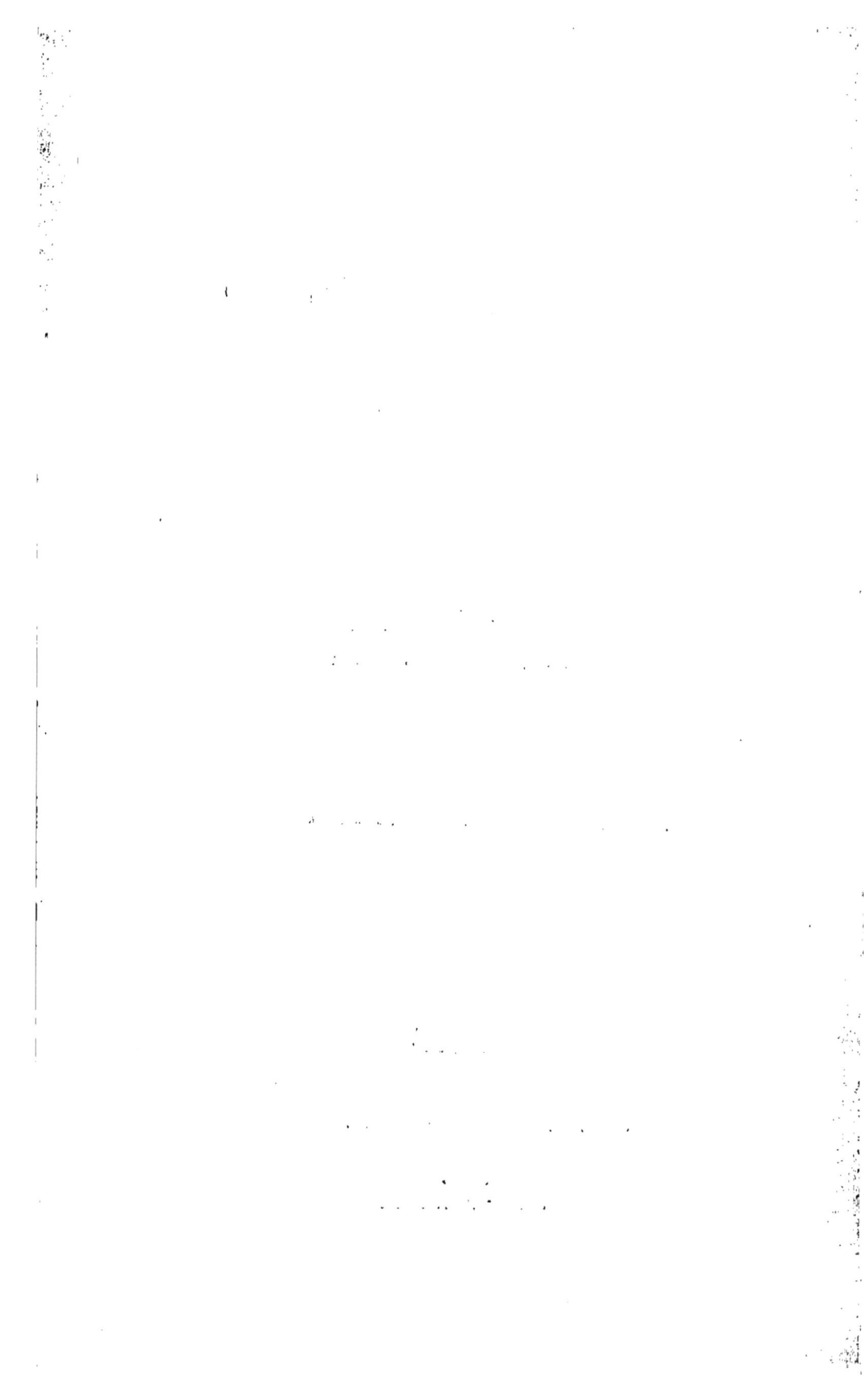

PRÉFACE

L'histoire des cirrhoses du foie, qui ne comprenait, il y a dix ans à peine, que quelques types morbides apparemment irréductibles, est aujourd'hui un des chapitres les plus complexes de la pathologie hépatique.

Pour la *cirrhose de Laënnec* même, dont l'individualité semblait inattaquable, la conception demeurée si longtemps classique a été singulièrement modifiée.

L'observation a montré en effet que la *cirrhose atrophique*, primitivement assimilée à une maladie autonome, spéciale aux buveurs, n'était pas sous la dépendance exclusive de l'alcoolisme et que d'autres intoxications, voire les infections ou les toxi-infec-

1

tions, étaient capables aussi, quoique plus rarement peut-être, de réaliser le même processus.

D'autre part on s'est aperçu que l'alcool engendrait des formes d'hépatites jusqu'alors ignorées ou mal interprétées : telles les cirrhoses à marche aiguë et la cirrhose alcoolique hypertrophique.

Le domaine de la *cirrhose de Laënnec*, peu à peu morcelé au profit d'espèces nouvelles, que la médecine contemporaine seule pouvait étiologiquement différencier, s'est donc enrichi, par contre, de variétés, peu nombreuses il est vrai, mais d'une importance considérable, qu'une étude plus attentive des faits a su lui rattacher.

Ainsi s'est constituée la classe des *cirrhoses alcooliques*, synthétiquement réunies par une pathogénie commune, dont l'authenticité, quoi qu'on en ait dit, défie toute contestation sérieuse.

Ce double mouvement de dissociation et d'addition, qui a transformé de fond en comble la question de la sclérose éthylique, est lié d'une façon intime, on le devine aisément, au travail de rénovation générale de la *doctrine des cirrhoses du foie.*

Ne fût-ce qu'à ce titre, et pour bien marquer la place qui revient, dans la classification des cirrhoses hépatiques, au groupe particulier que nous envisageons ici, un *historique résumé de cette doctrine* nous a paru trouver légitimement sa place en tête de ce volume.

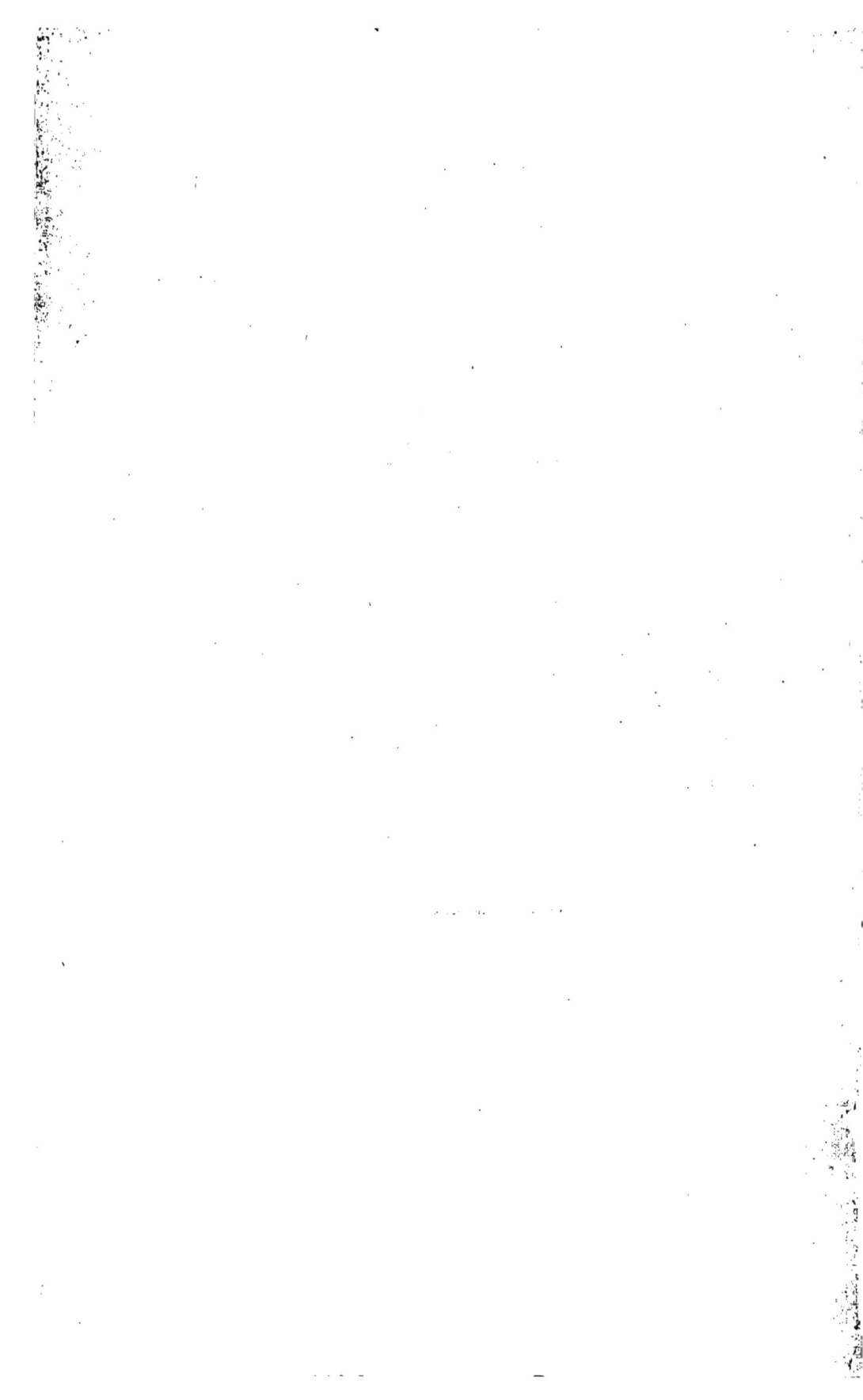

LES
CIRRHOSES ALCOOLIQUES DU FOIE

CHAPITRE I

HISTORIQUE RÉSUMÉ DE LA DOCTRINE DES CIRRHOSES DU FOIE

Il est classique de répéter que l'histoire des cirrhoses du foie date de Laënnec.

Et pourtant on trouve, dans les premiers écrits médicaux[1], de nombreux textes qui témoignent d'une croyance, déjà fermement établie, à l'action nocive sur le foie des boissons alcooliques. Hippocrate, Galien, signalent même d'une façon expresse, chez les buveurs, l'induration hépatique et l'hydropisie qui l'accompagne.

Les médecins de Salerne connaissaient bien

1. Voir, pour la bibliographie ancienne, la thèse de FRANÇON. Lyon, 1888.

aussi les funestes résultats des excès de vin, et l'on peut relever dans Arnauld de Villeneuve, qui a laissé les commentaires les plus anciens sur le régime de cette école, le passage suivant : *Frequens enim ebrietas inducit sed incommoda in corpore humano... quorum primum est corruptio complexionis hepatis, quia vinum superflue bibitum ad hepar venit... unde hepar amittat virtutem sanguificam et loco sanguinis generat aquositates efficientes hydropisim....*

Cette notion traditionnelle a été reproduite et quelque peu complétée par les auteurs de la Renaissance et par ceux des siècles suivants.

Fernel, en 1579, dans un chapitre intitulé *De morbis jecoris*, s'exprime ainsi : *Vinum quoque generosum... in corruptelam hepatis præcipitat... (ita enim in scirrhum deducit).*

Puis Vésale mentionne l'atrophie du foie chez les ivrognes et Morgagni, insistant sur les granulations que présente l'organe, montre le rôle qui leur revient dans la production de l'épanchement abdominal.

Bianchi, Siboons, Lieutaud, Baillie ne font que répéter ces quelques indications; mais Bichat décrit, avec plus de soin que ses devanciers, l'état granuleux du foie alcoolique. Il avoue toutefois son ignorance en ce qui concerne la nature et la symptomatologie de cette lésion spéciale. « Les granulations du foie, dit-il, se trouvent assez souvent chez des sujets hydropiques ou extrêmement maigres, mais chez lesquels il n'existe aucune désorganisation apparente. Quand on incise le viscère, on le trouve plein d'une infinité de granulations rapprochées qui lui donnent l'aspect du granit. Cet état ne se complique jamais de volume extraordinaire du foie; au contraire, il diminue et double sa densité comme sa résistance.... »

Ce fut Laënnec qui, le premier, donna un nom à cette affection hépatique. Voici le texte célèbre[1] où il relate l'autopsie d'un malade atteint « de pleurésie hémorrhagique du côté gauche avec ascite et maladie organique du foie ».

1. LAENNEC. Traité de l'auscultation, édition de la Faculté, p. 595 et 596.

« Le foie, réduit au tiers de son volume ordinaire, se trouvait, pour ainsi dire, caché dans la région qu'il occupe; sa surface externe, légèrement mamelonnée et ridée, offrait une teinte gris jaunâtre; incisé, il paraissait entièrement composé d'une multitude de petits grains de forme ronde ou ovoïde, dont la grosseur variait depuis celle d'un grain de millet jusqu'à celle d'un grain de chènevis. Ces grains, faciles à séparer les uns des autres, ne laissaient entre eux presque aucun intervalle dans lequel on pût distinguer encore quelque reste du tissu propre du foie; leur couleur était fauve ou d'un jaune roux, tirant par endroits sur le verdâtre; leur tissu assez humide, opaque, était flasque au toucher plutôt que mou, et, en pressant les grains entre les doigts, on n'en écrasait qu'une petite partie : le reste offrait au tact la sensation d'un morceau de cuir mou. »

Et il ajoute, en note : « Cette espèce de production est encore de celles que l'on confond sous le nom de squirrhe. Je crois devoir la désigner sous le nom de *cirrhose*, à cause de sa couleur. Son développement dans le foie est une des causes les plus communes de l'ascite, et a cela de particulier, qu'à mesure que les cirrhoses se développent, le tissu du foie est absorbé, qu'il finit souvent, comme chez ce sujet, par disparaître entièrement et que, dans tous les cas, un foie qui contient des cirrhoses perd de son volume au lieu de s'accroître d'autant. »

Ainsi Laënnec, s'il mit bien en relief les traits essentiels de l'aspect extérieur de la cirrhose atrophique, ne soupçonna même pas son étiologie; il se méprit de plus complètement sur la nature de la lésion, puisque les cirrhoses étaient pour lui des productions hétérogènes et néoplasiques.

Le terme de « cirrhose de Laënnec » est cependant devenu synonyme de « cirrhose atrophique alcoolique », et les deux désignations s'appliquent indifféremment, dans le langage usuel, à la maladie hépatique des buveurs. « C'est, fait justement remarquer M. Chauffard[1], qu'il avait donné

1. Traité de médecine, tome III, p. 825.

un nom à la lésion, et que ce nom, tout mal choisi qu'il fût, a survécu. »

Toujours est-il que la période véritablement scientifique de l'histoire des cirrhoses s'ouvre avec Laënnec. Les travaux vont désormais se succéder, se multiplier sans relâche.

Quelques années plus tard, en 1827, R. Bright publiait sept observations de cirrhose hépatique. Bright mentionne l'alcoolisme chez trois de ses malades. Cliniquement il a constaté l'ascite, la rareté des urines hautes en couleur, dans un cas une albuminurie légère et, dans un autre cas, de l'entérorrhagie et de l'ictère. Les lésions hépatiques, la périhépatite, l'hypertrophie de la rate et la périsplénite sont aussi scrupuleusement notées. Bright décrit même la rétraction et l'épaississement de l'intestin, altération sur laquelle on a de nouveau récemment attiré l'attention, et il conclut en disant que la cause de l'ascite doit être recherchée dans un processus hépatique dont il ne peut préciser la nature, mais qui aboutit à une obstruction plus ou moins marquée de la circulation dans les branches de la veine porte.

« Tel est, dit M. Chauffard, qui proteste contre l'oubli dans lequel on a laissé cet auteur, l'apport de R. Bright dans l'étude des cirrhoses hépatiques, et l'on ne peut nier qu'il ne soit considérable, déjà riche de faits et de notions étiologiques, cliniques et anatomo-pathologiques. Il s'en est tenu là malheureusement, et il n'a pas consacré à la pathologie hépatique une suite de méthodiques et sagaces recherches comme celles qui ont immortalisé son nom en pathologie rénale. »

Passons rapidement sur les discussions que soulevèrent Boulland, puis Andral au sujet de l'interprétation donnée par Laënnec des nodosités de la cirrhose considérées comme des produits de nouvelle formation : car ils substituèrent à cette erreur des théories non moins fausses, reposant sur l'hypothèse soit du développement anormal, soit de l'atrophie de l'une ou de l'autre des deux substances dont on croyait alors le foie composé.

Ce furent en réalité les belles recherches de

Kiernan (1833) sur la structure du foie qui permirent de comprendre le mécanisme pathogénique de la lésion. L'auteur anglais démontra en effet l'existence du tissu cellulaire autour et dans l'intérieur du lobule hépatique, et, le premier, il attribua le processus cirrhotique à l'hypertrophie de cette trame conjonctive, opinion qui fut reprise et développée peu après par Carsweld, Hallmann, Rokitansky, Muller, Oppolzer, Gluge, Wilson, Covland.

Jusqu'ici l'atrophie du foie est une des caractéristiques anatomiques de la maladie des buveurs. Une notion nouvelle allait apparaître, celle d'une hypertrophie préalable, premier stade d'une évolution morbide conduisant à l'atrophie de l'organe. « Quelle est, dit Cruveilhier, la cause de l'atrophie? Cette atrophie constituerait-elle la dernière période d'une lésion dont la première serait une hypertrophie, ainsi qu'on l'admet généralement pour la maladie de Bright? Y aurait-il dans la cirrhose du foie, comme dans la cirrhose du rein, une première période dans laquelle le foie volumineux ne présenterait ni bosselures ni corrugations, et où le tissu fibreux de ces organes ne serait point développé? Cette manière de voir a été exposée avec beaucoup de talent par le Dr Becquerel. J'ai vu sur la nature les altérations qu'il a décrites comme représentant les trois périodes de la même maladie; mais jusqu'à présent au moins il ne m'est pas démontré que les trois ordres de faits appartiennent à la même lésion. La cirrhose du foie est essentiellement l'atrophie granuleuse : ses degrés ne sont autre chose que les degrés de l'atrophie. »

Les deux observations publiées par Requin[1] en 1846 et 1849 sont les premiers exemples incontestables de cirrhose avec gros foie dont il soit fait mention dans la littérature médicale, et, malgré les dénégations de Monneret, la possibilité de l'hypertrophie hépatique dans la cirrhose s'affirmait ultérieurement de par les faits de

1. REQUIN. Pathologie médicale, t. II. p. 749 et supplément au Dict. des Dict.

Gubler, Millard, Genouville, Lacaze, Charcot et
Luys, Jaccoud.

Une question toutefois restait pendante, celle
du passage de la cirrhose hypertrophique à la
forme atrophique, et Gubler, décrivant les deux
variétés dans sa thèse d'agrégation (1853), dis-
cutait longuement la rétractilité du tissu fibreux.

Le problème resta longtemps à l'étude.

Si Todd, dès 1857, avançait déjà que la cirrhose
hypertrophique est une maladie spéciale, la dis-
tinction ne fut scientifiquement établie qu'en 1871,
avec le mémoire de Paul Ollivier. Une des conclusions de cet auteur est rédigée en ces termes :
« A côté de la forme commune, atrophique, de la
cirrhose du foie, il en est une, forme plus rare,
qui s'accompagne d'augmentation de volume de
l'organe. C'est la cirrhose hypertrophique. Je crois
avoir démontré, dans le cours de ce travail, que
la cirrhose hypertrophique est bien une forme à
part, et non pas une des périodes de la cirrhose,
une cirrhose qui n'aurait pas eu le temps d'arriver à l'état parfait. »

L'opposition que fit à cette manière de voir l'école allemande, représentée par Hallmann, Wagner, Liebermeister, Rokitansky, Frerichs, Birsch-Hirschfeld, qui continuaient à voir dans le foie hypertrophié et induré le [premier stade de l'atrophie cirrhotique, devait rester sans écho et bientôt la séparation des deux formes était décidément acceptée sans conteste, grâce aux mémoires de M. Hayem [1] (1874-1875), de M. Cornil [2] (1875), et à la thèse de M. Hanot (1876), qui fait véritablement époque et marque un progrès considérable dans l'étude des scléroses du foie. M. Hanot montra, dans les cas qu'il avait en vue, la subordination de la sclérose aux lésions des canalicules biliaires. « Si ce fait était définitivement établi, ajoute M. Hanot, il conviendrait de placer en face de la cirrhose atrophique qui se développe autour des radicules de la veine porte, une cirrhose hypertrophique avec ictère ayant ses points de départ autour des canalicules biliaires. »

1. Hayem. *Arch. de phys.*, 1874.
2. Cornil. *Arch. de phys.*, 1874.

Cette dualité des cirrhoses, ainsi pressentie et même explicitement exposée dans les lignes qui précèdent, trouvait sa consécration, la même année, dans les expériences de MM. Charcot et Gombault[1] qui, après Leyden, Mayer, Wickham Legg, étudiaient les altérations du foie consécutives à la ligature du canal cholédoque. Ces auteurs virent se développer dans ces conditions une cirrhose biliaire expérimentale avec angiocholite, périangiocholite et petits abcès biliaires, lésions présentant les plus grandes analogies avec celles que l'on observe dans les cas de rétention par obstruction calculeuse ou de cirrhose hypertrophique avec ictère chronique.

_ Et, l'année suivante, Charcot, dans son enseignement magistral, divisait les cirrhoses en deux catégories bien tranchées, résumant ainsi leurs traits distinctifs : *La cirrhose atrophique est d'origine veineuse : elle est à la fois annulaire, multilobulaire et extra-lobulaire. La cirrhose hypertrophique est d'origine biliaire : elle*

1. Charcot et Gombault. *Arch. de phys.*, 1876.

*est insulaire, monolobulaire et à la fois extra
et intra-lobulaire.*

Une réaction ne tarda pas à se produire contre
cette dichotomie des cirrhoses.

Les premières critiques vinrent d'Allemagne.
Brieger, Litten, Kussner, Mangelsdorf, Birch-
Hirschfeld, soutinrent que la division précédente
était purement schématique, que la distribution
du tissu scléreux dans le foie échappait à toute
tentative de systématisation, et qu'en réalité la
cirrhose dite d'origine biliaire ne différait en
rien de la cirrhose vulgaire. Seul Ackermann
reconnut l'existence d'une cirrhose hypertrophique; il est vrai qu'il la regarda comme une lésion
d'origine artérielle.

Des doutes s'élevèrent également en France.

Kelsch et Wanebrouck (*Arch. de phys.*, 1880
et 1881), accordant une importance primordiale
aux altérations du parenchyme jusqu'ici négligées,
rattachaient la cirrhose hypertrophique avec ictère
au type des cirrhoses épithéliales, et ajoutaient

2

que les caractères topographiques par lesquels on opposait la cirrhose biliaire à la cirrhose veineuse étaient loin d'avoir une valeur absolue.

Les mêmes objections, renforcées par quelques arguments d'ordre clinique exposés dans la thèse de Surre (1879) et dans un article de Cyr[1], furent développées par M. Dieulafoy[2] et son élève Guiter[3]. « La cirrhose atrophique et la cirrhose hypertrophique biliaire, dit M. Dieulafoy, forment des variétés qui sont d'autant plus distinctes, d'autant plus accentuées, qu'on s'adresse à des types extrêmes, et c'est un grand mérite de l'École de Paris d'avoir jeté la lumière dans le chaos des hépatites chroniques. Mais il ne faut pas pousser trop loin l'esprit de systématisation et de classification; la clinique s'accorde mal de cette sélection en espèces morbides trop bien tranchées, et la lésion est ici, comme toujours, d'accord avec la clinique. Entre les types extrêmes, il

1. CYR. *Gaz. hebdom.*, 1881.
2. DIEULAFOY. *Gaz. hebd.*, 1881 et *Manuel de path. int.*
3. GUITER. Th. Paris, 1881.

y a place pour des cas intermédiaires à forme
variable, et la dénomination de *cirrhoses mixtes*
me parait devoir leur être appliquée. »

Enfin M. Sabourin [1], dont on connaît les savantes
recherches sur la structure et l'anatomie pathologique du foie, a démontré que, dans la grande
majorité des cas, les veines sus-hépatiques sont,
comme les veines portes, les travées directrices
de la néoformation conjonctive et qu'en conséquence les îlots de parenchyme engainés correspondent non à des lobules entiers, mais à des
fragments de lobule. Il fit voir d'autre part que
l'intégrité du système veineux sus-hépatique
s'observe seulement dans la cirrhose biliaire.
« Dans la cirrhose annulaire, conclut-il, les canaux sus-hépatiques ont une cirrhose propre;
dans la cirrhose insulaire, ils n'ont qu'une cirrhose d'emprunt ».

Ainsi se modifiait peu à peu, tout en restant
exacte dans son ensemble, la conception anato-

[1] SABOURIN. *Revue de méd.*, 1882, 1883.

mique et pathogénique des cirrhoses du foie, telle qu'elle avait été formulée en 1877 par Charcot. Un autre travail de remaniement de la question commençait d'ailleurs à s'effectuer en même temps.

Dans sa thèse, M. Hanot avait écrit : « Les derniers travaux, les observations précises présentées, cette année surtout, à la Société anatomique, démontrent surabondamment que le terme de cirrhose hypertrophique est loin de désigner toujours un complexus morbide identique. Je ne crois pas que l'heure soit venue de faire une étude d'ensemble des diverses formes de la cirrhose hypertrophique. En tout cas, mon intention est de décrire une variété de cirrhose hypertrophique. »

Cette étude d'ensemble ne peut être encore aujourd'hui fixée dans tous ses détails, Il n'en est pas moins vrai qu'à côté de la *cirrhose hypertrophique avec ictère chronique* de M. Hanot, d'autres formes sont venues prendre place dans le groupe des cirrhoses hypertrophiques : telles sont la *cirrhose paludéenne* de MM. Kelsch et Kiener, la *cirrhose pigmentaire du diabète sucré* étudiée par MM. Hanot et Chauffard, et enfin la *cirrhose syphilitique*, tout au moins pour quelques-unes de ses formes, car ici l'hypertrophie est purement contingente.

Il est une autre variété, également admise à titre d'espèce distincte et au sujet de laquelle nous devons dès maintenant nous expliquer.

Dupont[1], Stiépovitch[2], élèves de M. Lancereaux, puis MM. Lecorché et Talamon[3] avaient signalé une forme de cirrhose avec stéatose rapide des cellules hépatiques, affection dont l'alcoolisme était, pour eux, la véritable condition étiologique, et, en 1882, M. Lancereaux, tablant sur ce nouvel ordre de faits, reconnaissait, dans ses cliniques, deux variétés de cirrhose alcoolique, la cirrhose de Laënnec ou cirrhose commune et la cirrhose graisseuse.

1. Dupont. Th. Paris, 1878.
2. Stiépovitch. Th. Paris, 1879.
3. Lecorché et Talamon. Études médicales, 1881.

Vers la même époque, Hutinel[1] et Sabourin[2] enregistraient, chacun de leur côté, des observations de même ordre sous le nom de cirrhose hypertrophique graisseuse et, bien qu'en désaccord sur le processus pathogénique qui conduit à la stéatose cellulaire et à l'altération conjonctive combinées, attribuaient encore à l'alcool le développement de cette double lésion. « C'est chez des alcooliques devenus tuberculeux, dit M. Hutinel, que nous avons rencontré le plus souvent cette cirrhose hypertrophique avec stéatose du foie. Est-ce à dire qu'elle soit propre aux phtisiques? Assurément non. La tuberculisation, processus secondaire, n'a pu jouer qu'un rôle accessoire; elle a sans doute contribué á la production de la stéatose, mais seule elle n'aurait pas provoqué la cirrhose. Ce qui le prouve, c'est, d'une part, que des lésions semblables ont été observées chez des sujets non tuberculeux et, d'autre part, que les scléroses du foie qui peuvent se rencontrer chez

1. Hutinel. *France médicale*, 1881.
2. Sabourin. *Arch. de phys.*, 1881.

les phtisiques sont bien loin de prendre toujours
les caractères du foie gros cirrhotique. »

Ce sont les mêmes idées qui sont soutenues par
Gilson dans sa thèse (1884).

Peut-on souscrire sans restrictions à semblable
manière de voir?

Bellangé[1] était déjà moins exclusif, lorsque,
sans nier le rôle de l'alcoolisme, il concluait
à la prédominance de l'action de la tuberculose
dans le déterminisme étiologique. Mais il faut
arriver aux recherches de Lauth[2], élève de
M. Hanot, pour voir la tuberculose prendre l'importance qui lui revient en fait comme cause de
sclérose hépatique. « Nous ne croyons pas, a écrit
Lauth, que l'étiologie des cirrhoses et des cirrhoses
graisseuses en particulier puisse se résumer dans
une seule cause, l'alcoolisme. L'allure rapide de
ces affections, leurs nombreuses variétés cliniques, l'infiltration ou la dégénérescence graisseuse du foie qui ne paraît pas être une lésion

1. BELLANGÉ. Th. Paris, 1884.
2. LAUTH. Th. Paris, 1884.

fréquente de l'alcoolisme, la coexistence d'autres affections viscérales, nous font penser que l'essence même de ces maladies est à chercher autre part, et que, si l'alcool intervient de quelque façon, ce n'est qu'en créant dans un organe préalablement irrité et par conséquent très susceptible un *locus minoris resistantiæ*. »

Ces vues nouvelles, basées sur plusieurs centaines d'observations, ont été exposées par MM. Hanot et Gilbert[1] dans leur mémoire sur les formes de la tuberculose hépatique. « Nous reconnaissons volontiers, disent ces auteurs, qu'un grand nombre de nos tuberculeux étaient en même temps alcooliques à des degrés divers, on pourrait donc nous objecter que les lésions hépatiques que nous avons constatées relèvent non pas de la tuberculose, mais de l'alcoolisme. Cette objection n'est pas valable, puisque les mêmes altérations ont été notées chez des adolescents, qui ne pouvaient être suspects d'alcoolisme. En outre, dans plusieurs de nos observations, la

---

1. Hanot et Gilbert. *Arch. génér, de méd.*, nov. 1889.

tuberculose hépatique, avec les caractères cliniques et anatomiques que nous lui attribuons,
s'est développée chez des malades qui depuis
longtemps se soignaient sous nos yeux pour une
tuberculose pulmonaire préexistante, à l'écart,
comme on le conçoit, de tout abus de boissons.
Il n'est pas besoin d'ajouter que nous admettons
sans peine que l'influence du tubercule peut être
renforcée par l'alcoolisme concomitant et réciproquement. Mais, nous le répétons, nous croyons
fermement que les lésions hépatiques, dont nous
allons exposer l'évolution clinique et les caractères anatomiques, sont déterminées par la tuberculose, nous voulons dire non seulement par le
parasite figuré, mais aussi par les produits
solubles qui en sont inséparables. »

A la vérité, il semble qu'on ait englobé, sous
cette dénomination de cirrhose alcoolique graisseuse ou de cirrhose hypertrophique graisseuse,
des faits notoirement disparates. On y trouve, en
effet, réunis des cas dont les uns appartiennent
bien à une forme spéciale de cirrhose alcoolique,

mais dont les autres ressortissent manifestement soit à la tuberculose hépatique, soit à diverses hépatites infectieuses qui ont pu survenir chez des individus entachés d'alcoolisme, nous n'en disconvenons pas, mais qui se sont traduites uniquement, dans quelques cas, au point de vue de la réaction anatomique de la trame conjonctive, par de simples infiltrats embryonnaires peu étendus, lésions qu'on ne saurait légitimement assimiler aux scléroses hépatiques proprement dites.

Les observations contenues dans l'intéressant mémoire de Blocq et Gillet[1] comportent, à notre avis, la même interprétation.

Depnis, d'ailleurs, MM. Hanot et Gilbert[2] ont démontré l'existence de la cirrhose hypertrophique alcoolique et déterminé nettement les caractères anatomiques et cliniques. Qu'un processus aigu vienne se greffer sur cette lésion préexistante, ou même, qu'en raison de prédis-

---

1. BLOCQ et GILLET. Cirrhoses infectieuses. *Arch. génér. de méd.* 1887.

2. HANOT et GILBERT. *Soc. méd. des hôpit.*, 1890.

positions particulières, l'alcool agisse simultanément sur la gaugue conjonctive et sur l'élément
glandulaire, et l'on pourra observer, concurremment avec les altérations de la trame cellulaire, la dégénérescence graisseuse des cellules.
Ce serait là un exemple de cirrhose à marche
aiguë à mettre en parallèle avec la *cirrhose atrophique à marche aiguë* qu'avait autrefois décrite
M. Hanot[1], et il est évident que la dénomination
de *cirrhose hypertrophique graisseuse alcoolique*
convient de tout point à cette forme d'hépatite.

Les cirrhoses hypertrophiques se sont donc
dissociées en une série de formes ayant chacune
leur individualité propre, et qui sont les suivantes : la *cirrhose hypertrophique avec ictère
chronique ou maladie de Hanot,* la *cirrhose paludéenne,* la *cirrhose pigmentaire diabétique,* la
cirrhose syphilitique, la *cirrhose tuberculeuse,* la
*cirrhose hypertrophique alcoolique (avec ou sans
dégénérescence graisseuse).* Ajoutons enfin la
cirrhose cardiaque et la *cirrhose des dyspep-*

1. HANOT. *Arch. gén. de méd.,* 1882.

tiques récemment décrite par MM. Hanot et Boix[1].

Le démembrement de la cirrhose atrophique, quoique moins avancé, est aussi un fait bien acquis. Sans nul doute, l'intoxication alcoolique a gardé une importance de premier ordre dans l'étiologie de la cirrhose avec atrophie, mais d'ores et déjà, et en dehors des cas incontestables où l'atrophie cirrhotique succède à *l'oblitération persistante du canal cholédoque, à la stase d'origine cardiaque, à la tuberculose ou à la syphilis*, toutes causes que nous avons vues également susceptibles de provoquer, dans d'autres circonstances, une hypertrophie hépatique, il y a place, à côté de l'alcool, parmi les facteurs de cirrhose, pour d'autres intoxications, en particulier pour le *saturnisme* et les *intoxications d'origine infectieuse ou ptomaïnique*. C'est ainsi qu'on pourrait expliquer l'apparition tardive des cirrhoses, à la suite de la rougeole, de la variole, de la scarlatine, du choléra, de la fièvre typhoïde de la

1. Hanot et Boix. (Congrès de Rome, Mars 1894). — Boix. Le foie des dyspeptiques. Th, Paris, 1894.

dysenterie (Botkine). Les faits de Laure et Ho-
norat, observés chez les enfants indemnes de tout
alcoolisme, semblent très favorables à cette interprétation.

Enfin, l'expérimentation a largement sanc-
tionné cette notion de la multiplicité des causes
de sclérose hépatique; et les exemples de cirrhoses expérimentales, développés sous des influences diverses, abondent aujourd'hui. M. Bouchard a déterminé une sclérose des plus manifestes
par injection de naphtol dans la veine porte. Les
mêmes résultats ont été obtenus par M. Charrin,
à l'aide de toxines, et par M. Laffitte, qui faisait
ingérer à des lapins du blanc de céruse pendant
un temps variable. De leur côté, MM. Hanot et
Gilbert ont pu réaliser une cirrhose tuberculeuse
chez un cobaye inoculé avec du tubercule aviaire.
Enfin, plus récemment, M. Boix démontrait également le pouvoir sclérogène sur le foie de la
coli-toxine et des acides organiques de la digestion (butyrique, lactique, acétique, valérianique),
et fournissait ainsi un nouvel élément de preuve

en faveur de l'existence des cirrhoses hépatiques par auto-intoxication d'origine gastro-intestinale.

Dans cet exposé historique, nous avons vu successivement apporter leur appoint à l'évolution progressive de la doctrine des cirrhoses, d'abord l'anatomie pathologique macroscopique et l'observation clinique, puis les moyens d'investigation modernes, avec l'histologie, l'expérimentation, la bactériologie.

Des faits accumulés et minutieusement analysés, grâce à l'action concurrente de toutes ces sciences, convergeant vers le même but, se contrôlant et se complétant réciproquement, on a pu remarquer qu'un élément nouveau de classification s'était peu à peu dégagé, l'*élément étiologique*.

Les données nouvelles de la médecine pathogénique nous permettent-elles donc aujourd'hui de classer scientifiquement les cirrhoses du foie?

Voici comment M. Chauffard répond à cette question : « Une cirrhose du foie, dit-il, n'est nettement définie que quand on en connaît trois termes : l'agent pathogène initial, la voie d'apport

de cet agent et, par suite, la topographie des lésions conjonctives réactionnelles qu'il provoque,
enfin le mode d'évolution de ces lésions.

« Connaître, dans chaque cas particulier, ces
trois termes, serait un idéal dont nous sommes
encore bien éloignés.... Nous pouvons essayer
cependant de concilier dans une même classification l'élément causal et l'élément anatomique. »

Et l'auteur résume, dans le tableau qui suit,
cette classification à la fois anatomique et étiologique.

1° CIRRHOSES VASCULAIRES.

a). *Toxiques.* . . . $\begin{cases} 1° \text{ par poisons ingérés.} \\ 2° \text{ par poisons autochtones.} \end{cases}$

b). *Infectieuses.* . . $\begin{cases} 1° \text{ par microbisme direct.} \\ 2° \text{ par toxi-infection } . \begin{cases} \text{extra-hépatique.} \\ \text{locale.} \end{cases} \end{cases}$

c). *Dystrophiques* . $\begin{cases} 1° \text{ par artério-sclérose.} \\ 2° \text{ par stase sus-hépatique.} \end{cases}$

2° CIRRHOSES BILIAIRES.

a). Par rétention biliaire.
b). Par angiocholite radiculaire.

3° CIRRHOSES CAPSULAIRES.

a). Par périhépatite chronique localisée.
b). Par péritonite chronique généralisée.

Certes ce cadre n'a rien de définitif, et M. Chauffard a eu soin de relever par avance les objections dont il est passible. « Tout d'abord, fait-il remarquer, puisqu'un des éléments fondamentaux de notre classification est la porte d'entrée, la voie d'apport de l'agent pathogène, il semble que cet agent pathogène devrait toujours localiser son action, au moins au début, sur les éléments anatomiques avec lesquels il entre d'abord en contact. Cela n'est pas toujours exact; ainsi l'ingestion du phosphore, qui semblerait devoir provoquer de la phlébite portale, détermine, d'après les expériences de Wegner, une lésion primitive des cellules hépatiques, puis une inflammation secondaire des radicules biliaires qui aboutit à de la sclérose porto-biliaire.

D'autre part, en matière de cirrhoses infectieuses, il est actuellement bien difficile de séparer ce qui revient à l'action directe des microbes ou à la toxine qu'ils produisent. Chaque jour, le rôle des substances toxiques d'origine microbienne nous apparaît plus étendu et plus complexe, si bien

qu'en dernière analyse les cirrhoses infectieuses
ne sont peut-être qu'un sous-groupe dans la
grande famille des cirrhoses toxiques. »

« Et puis, au lit du malade, toutes ces distinctions analytiques semblent souvent très hasardées.
Les causes morbides se superposent, s'addition-
nent probablement, et, le jour où nous constatons
leur résultante commune, comment faire la part de
chacune d'elles? Tel malade sera simultanément
alcoolique, et en même temps diabétique ou gout-
teux, syphilitique ou paludéen. Quelles variétés
de combinaisons ne réalisent pas ces cumuls
morbides que l'on relève dans les antécédents ou
dans l'état actuel d'un cirrhotique! Parfois, c'est
un sujet qui, par le fait d'une imprégnation infectieuse antérieure, impaludisme, syphilis, choléra,
fièvre typhoïde, garde un foie rendu plus vulnérable
par les atteintes ignorées qu'il a déjà subies:
vienne l'alcoolisme, et la lésion hépatique latente
entrera en activité; une cirrhose, infectieuse à son
point de départ, deviendra toxique à son point
d'arrivée. »

3

« D'autres fois, c'est un artério-scléreux de vieille date, qui fait des lésions d'endo-périartérite hépatique et qui, devenu un vrai cardiaque, ajoute à ces lésions celles du système veineux sus-hépatique. »

Les observations de cirrhose cardio-tuberculeuse chez l'enfant, récemment publiées par M. Hutinel[1], ont trait précisément à l'une de ces altérations complexes, qui sont en effet de beaucoup les plus communes dans la pratique.

Et, même lorsque l'agent nocif semble univoque, l'étude approfondie des faits révèle souvent la complexité de son mécanisme pathologique intime. Ainsi, MM. Würtz et Hudelo ont montré, dans leurs expériences sur des lapins qu'ils soumettaient à l'intoxication éthylique aiguë, que les microbes de l'intestin pénètrent, pendant la période de coma alcoolique, dans le péritoine, dans le sang de la veine porte et dans le sang du cœur. L'intoxication éthylique se complique donc rapidement, au moins chez le lapin et dans la forme

---

1. HUTINEL. *Revue des maladies de l'Enfance*; décembre 1893.

intensive, d'une invasion microbienne qui peut,
pour sa part, influencer aussi l'organe hépatique.

Nous sommes loin du schéma classique, si
séduisant dans sa précision trompeuse. La notion
du volume de l'organe n'a plus, nous l'avons vu,
qu'une valeur contingente, puisque la même
cause peut produire indifféremment des formes
hypertrophiques ou atrophiques, et d'autre part,
la systématisation topographique des cirrhoses ne
répond, dans le même schéma, qu'à une conception théorique que dément chaque jour l'examen
scrupuleux des faits.

Il s'en faut aussi, on doit l'avouer, que la
différenciation des cirrhoses, fondée sur les
données essentielles de la pathogénie, satisfasse
jusqu'ici à toutes les exigences d'une classification rigoureuse. Ne prête-t-elle pas, elle aussi, et
les exemples que nous avons rapportés plus haut
le démontrent amplement, à bien des incertitudes,
sinon à des interprétations erronées?

Dans ce domaine déjà si exploré, il reste donc
beaucoup à faire encore, car si les progrès suc-

cessifs de la science ont, dans ces dernières années, singulièrement éclairé et élargi la doctrine des cirrhoses du foie, ils ont fait à leur tour surgir bien des questions nouvelles que l'avenir devra résoudre.

CHAPITRE II

ÉTIOLOGIE

Dans le groupe des cirrhoses toxiques, dont nous avons vu la complexité sans cesse croissante par l'addition successive d'espèces morbides, parfois d'ailleurs assez mal délimitées, les cirrhoses alcooliques sous leurs deux formes, *cirrhose atrophique ou cirrhose de Laënnec* et *cirrhose alcoolique hypertrophique*, conservent, de par leur facteur étiologique nettement défini dans bien des cas, une autonomie indiscutable.

Quelques remarques s'imposent cependant.

Il est des individus qui, malgré des habitudes alcooliques invétérées et bien que remplissant, au point de vue du mode d'intoxication, toutes les conditions considérées comme favorables au développement de la cirrhose, n'ont aucun trouble fonctionnel du côté du foie ou ne présentent à l'autopsie, s'ils sont enlevés par quelque affection intercurrente, aucune lésion hépatique appré ciable.

Par contre, chez quelques malades, la cirrhose se montre alors qu'on ne relève dans les antécédents, indemnes à tous autres égards, que des excès insignifiants ou de peu de durée, voire même des habitudes de régime s'éloignant fort peu de la normale.

Enfin on observe parfois une cirrhose ne différant en rien de la cirrhose alcoolique, au double point de vue de l'anatomie pathologique et de l'évolution clinique, et il est impossible d'incriminer la moindre intoxication éthylique.

De cette dernière catégorie de cas nous ne saurions nous étonner aujourd'hui, puisque nous connaissons d'autres substances toxiques que l'alcool, par exemple, le plomb et les poisons d'origine microbienne ou autre, également susceptibles, bien qu'avec une fréquence vraisembla-

blement moindre, de réaliser le processus anatomique et clinique de la cirrhose du foie. Nombre
de faits, où l'étiologie a semblé entourée d'une
obscurité profonde, trouveraient peut-être ainsi
leur explication, à l'heure actuelle, dans une
analyse plus minutieuse des anamnestiques.

Les observations d'alcoolisme sans cirrhose ou
de cirrhose avec alcoolisme peu marqué, elles se
comprennent aussi aisément. Ne voyons-nous pas
chaque jour l'organisme réagir de façon différente vis-à-vis des infections ou des intoxications,
ici triompher malgré la vigueur de l'assaut, là
succomber sous une faible atteinte, et cela tantôt
en dépit des prévisions formulées, tantôt au
contraire conformément à certaines inductions
tirées de circonstances relatives à l'état antérieur
du malade?

Il en est de même pour le développement de la
cirrhose hépatique. Tel foie subira sans dommage
une imprégnation éthylique continue et en quelque sorte intensive, alors que tel autre répondra à
une irritation légère et peu prolongée par une série

de réactions anatomiques plus ou moins vives.
Et si, trop souvent, la raison d'une variabilité si
grande dans l'impressionnabilité de l'organe nous
échappe complètement, on connaît bien pourtant
quelques-uns des éléments de cette aptitude indi-
viduelle du foie, résultante de conditions complexes qu'un seul mot résume, la *prédisposition*.

CAUSES PRÉDISPOSANTES.

État pathologique antérieur. Bien des hypothèses seraient à discuter au sujet des états préalables du foie, qui préparent la voie à l'hépatite
scléreuse. En premier lieu, puisque l'existence de
cirrhoses relevant de l'infection est aujourd'hui
démontrée, n'est-on pas autorisé à croire qu'une
maladie antérieure, telle que la syphilis, la fièvre
typhoïde, le choléra, est capable d'engendrer une
lésion hépatique en quelque sorte atténuée, inac-
tive, latente, que l'alcoolisme viendra réveiller
plus tard et qui subira dès lors l'évolution spéciale des scléroses alcooliques?

D'autre part on tend aussi à admettre, nous

l'avons vu, qu'il y a des cirrhoses dues à l'action de poisons autochtones par déviation prolongée de la nutrition. La preuve en a été donnée par MM. Hanot et Chauffard pour le diabète, et le fait est vraisemblable pour la goutte, d'après MM. Rendu et Chauffard. Si donc l'adultération chronique des humeurs et des plasmas aboutit parfois, dans les cas particuliers que nous venons de signaler, à une cirrhose proprement dite, n'est-il pas légitime de penser qu'elle pourra aussi, de même que les produits toxiques d'origine microbienne, irriter le tissu conjonctif, sans déterminer une prolifération bien marquée, une sclérose véritable, et mettre ainsi la glande hépatique dans un état de vulnérabilité plus grande, de moindre résistance aux causes qui viendront ensuite agir sur elle?

Bien qu'il y ait là un ensemble de considérations dont il serait injuste de méconnaître la valeur, les documents positifs, il faut l'avouer, font défaut sur l'efficacité réelle de ces différentes causes prédisposantes.

L'influence des troubles gastro-intestinaux anté-
rieurs constitue un précédent d'une importance
actuellement mieux connue. Les recherches de
MM. Hanot et Boix relatives à l'action des fermen-
tations du tube digestif sur le foie ne laissent
guère de place au doute à ce sujet. Dans certains
faits même, il y aurait quelque difficulté à faire
le départ exact entre l'influence de ces troubles
gastro-intestinaux et celle de l'alcool, dont l'abus
amène précisément, comme premier effet, une
perturbation fonctionnelle plus ou moins marquée
du tube digestif.

En tout cas, ce serait aller trop loin, à notre
avis, que de dénier à l'alcool, comme tend à le
faire M. Létienne dans un article du reste fort
intéressant (*Médecine moderne*, 1893), le pouvoir de produire à lui seul « tous les termes
d'une cirrhose atrophique », et de considérer
comme nécessaire l'intervention d'autres facteurs
(infection, toxémie extra-éthylique). Sans doute,
ces diverses actions morbides peuvent, suivant le
moment où elles viennent impressionner le foie,

soit prédisposer à l'apparition future [d'une cirrhose alcoolique, soit renforcer ses conditions de
développement ou d'évolution rapide. Mais leur
concours ne saurait être rangé au nombre des
causes indispensables.

L'influence de la diathèse arthritique, comme
cause prédisposante, a été bien mise en évidence
dans une leçon clinique, très suggestive, de M. Hanot, dont nous détachons le passage suivant[1] :
« D'après mes observations, dit cet auteur, la cirrhose se rencontre surtout chez les arthritiques,
et, par arthritisme, j'entends un état constitu-
tionnel caractérisé, entre autres éléments consti-
tutifs, par une viciation ordinairement congénitale
et héréditaire de la nutrition du tissu conjonctif
et de ses dérivés, qui deviennent des tissus de
moindre résistance. Ces malformations congéni-
tales, si je puis dire ainsi, de tout un système
abondent en pathologie générale, et je n'aurais
que l'embarras du choix si je voulais m'appesantir

1. Hanot. Considérations générales sur la cirrhose alcoolique.
Semaine médicale, 1893, p. 209.

sur ce point. Vous connaissez la débilité du système cardio-vasculaire chez les chlorotiques, du
système nerveux chez les hystériques et les dégénérés, de l'appareil pulmonaire (emphysème con-
stitutionnel et malformations thoraciques) chez
les prédisposés à la tuberculose, etc. Je vous ferai
remarquer seulement que cette façon d'envisager
l'arthritisme reposant sur les conséquences les
plus apparentes, les plus indiscutables, si gros-
sière et si incomplète qu'elle soit, suffit d'ordinaire
à l'interprétation des phénomènes cliniques. Au
point de vue fonctionnel et anatomo-pathologique,
l'arthritisme se caractérise par la vulnérabilité
plus grande du tissu conjonctif avec tendance à
l'hyperplasie, à la transformation fibreuse, à la
rétraction fibreuse. » Il est donc permis de sup-
poser, conclut M. Hanot, que chez les arthritiques
le tissu conjonctif du foie sera plus vivement et
plus profondément modifié « par l'alcool ingéré
à des doses et sous des formes chimiques qui
laisseraient chez d'autres l'organe intact ».

Ce rôle de la prédisposition héréditaire ou congénitale portant sur certains systèmes ou sur certains organes a été l'objet d'un récent mémoire sur l'étiologie des cirrhoses du foie (*Arch. de médecine*), de M. Kabanoff, dont les recherches ont été inspirées, l'auteur le déclare en tête de son travail, par les leçons cliniques du professeur Ostrooumoff et par l'École de médecine de Paris.

Age. Sexe. Hérédité. Les conditions d'âge et de sexe méritent une mention spéciale. La statistique de Forster, relevée sur un total de 3 200 autopsies, a fourni, pour 31 cas de cirrhose, les résultats suivants, qui concordent d'ailleurs avec les chiffres donnés par Becquerel et Frerichs.

De 1 à 20 ans	1		De 50 à 60 ans	6
De 30 à 40 »	4		De 60 à 70 »	4
De 40 à 50 »	10		De 70 à 80 »	2

Sur les 31 cas, il y avait 24 hommes et 7 femmes.

La cirrhose est donc moins commune chez la femme que chez l'homme. Elle apparaît surtout, et avec une prédominance marquée, à l'âge mûr, entre 40 et 60 ans, parce qu'il faut en général un certain nombre d'années d'intoxication continue pour que la lésion se développe.

La cirrhose infantile, d'origine alcoolique, abstraction bien dûment faite des cas où l'infection peut être invoquée, n'est cependant pas aussi exceptionnelle qu'on pourrait le croire. Dans la thèse d'Hébrard, on voit que, sur 51 cas de cirrhose chez les enfants, 7 étaient dus à l'alcool. Wilkes a relaté l'observation d'une petite fille de 8 ans, qui buvait chaque jour une demi-pinte de gin et qui mourut de cirrhose. Barlow a cité un fait plus extraordinaire encore, celui d'un enfant à qui l'on donnait tous les jours, dès l'âge de 6 mois, deux cuillerées à bouche de bière forte, puis dès 9 mois une petite cuillerée de gin, et qui, à 18 mois, succombait avec une cirrhose typique.

Dernièrement, M. Lancereaux faisait à l'Académie de médecine (13 octobre 1896) une communication sur deux observations de cirrhose éthylique infantile, et montrait de plus l'influence de l'alcoolisme sur le développement physique et intellectuel de l'enfant.

« C'est surtout dans les pays du Nord, dit M. Chauffard, que ces faits monstrueux d'alcoolisme infantile ont été observés. C'est là aussi que, chez l'adulte, la cirrhose est de beaucoup la plus fréquente. Il faut malheureusement ajouter qu'en France, particulièrement à Paris, sous l'influence combinée de la multiplicité croissante des débits de vin, et de l'adultération chaque jour plus répandue des boissons alcooliques, la cirrhose devient de plus en plus commune. Il semble aussi que, dans la population ouvrière dégénérée par l'alcool, il y ait une sorte d'hérédité alcoolique et de moindre résistance à l'intoxication : c'est en ce sens que l'on a dit que la cirrhose pouvait être héréditaire. »

Conditions d'hygiène. — La profession, l'exercice physique, doivent-ils entrer en ligne de compte parmi les causes prédisposantes de la cirrhose hépatique? Dans un mémoire important, basé sur une série d'observations prises dans les circonscriptions de Baccarat où il exerce, Alison[1] est arrivé à cette conclusion, que la cirrhose est extrêmement rare chez les gens de la campagne adonnés aux travaux pénibles des champs et qu'elle est aussi plus rare dans les professions manuelles actives que dans celles qui obligent à une vie sédentaire, faits qui s'expliquent suffisamment par l'augmentation des combustions et l'élimination plus rapide de l'alcool au niveau des surfaces cutanée et respiratoire, sous l'influence d'un travail musculaire plus considérable.

Mode d'ingestion. — Le rôle de la porte d'entrée de l'agent toxique est loin d'être sans importance. Lallemand, Perrin et Duroy, en 1860, dans leurs recherches sur les modifications que subit l'alcool dans l'économie, ont noté quelles étaient les quantités proportionnellement accumulées dans les différents organes. Le sang retenait une partie, le cerveau deux et le foie quatre, dans le cas d'ingestion par la voie stomacale, tandis que, les

1. ALISON. *Arch. génér. de médecine.* 1888.

quantités restant les mêmes pour le cerveau et le sang, le foie renfermait deux parties seulement lorsque l'alcool avait été introduit par injection intra-veineuse.

Or l'observation clinique est encore ici d'accord avec les résultats de l'expérimentation, car les dégustateurs qui rejettent les vins et les eaux-de-vie immédiatement après les avoir goûtés, et les ouvriers qui, dans les caves, dans les distilleries, sont continuellement exposés aux vapeurs d'alcool, fournissent un contingent de cirrhotiques beaucoup moins élevé que les alcooliques qui s'intoxiquent par la voie digestive.

D'autres circonstances étiologiques ne sont pas moins dignes d'attention, au point de vue du mode d'ingestion du liquide irritant. Les alcooliques qui font bonne chère et qui sont en même temps de gros mangeurs sont rarement atteints de cirrhose. Par contre, ceux qui se nourrissent d'une façon défectueuse et suppléent à l'insuffisance ou à la mauvaise qualité de leur alimentation par des excès de boisson sont infiniment

plus prédisposés à la maladie. L'état du tube digestif semble donc bien intervenir ici pour une
part dans la détermination des accidents de
sclérose.

Mais les désordres hépatiques, directement im-
putables à l'alcool, ont d'autant plus de chance
de se produire que ce liquide est absorbé à jeun.
Aussi la cirrhose s'observe-t-elle principalement
chez les ouvriers qui, se rendant le matin de
bonne heure à leur travail, ont l'habitude de boire
plusieurs petits verres d'eau-de-vie. Il semble que,
dans ces conditions, l'alcool, agissant à un degré
maximum de concentration, irrite avec plus d'intensité les radicules portes pour y provoquer les
phénomènes réactionnels de phlébite et de périphlébite, premiers stades de l'évolution morbide.

CAUSE DÉTERMINANTE. — ALCOOL.

La cause déterminante, effective, c'est l'alcool,
avons-nous dit. Mais l'alcool n'est pas un produit
ayant une composition chimique constante. Il y
en a plusieurs variétés et les principales, qui

entrent dans la fabrication des boissons spiritueuses, sont les alcools éthylique ou vinique,
propylique, butyrique et amylique.

MM. Dujardin-Beaumetz et Audigé ont étudié
comparativement la nocivité de ces divers alcools
et sont arrivés à cette conclusion : que leur
toxicité était directement proportionnelle à leur
poids moléculaire et à leur point d'ébullition.
Plus ceux-ci sont élevés, plus les alcools auxquels
ces chiffres correspondent ont une action nui-
sible.

Voici les résultats de ces auteurs :

	Doses toxiques moyennes par kilogramme du poids du corps de l'animal.	
	A L'ÉTAT PUR Grammes.	A L'ÉTAT DE DILUTION Grammes.
Alcool éthylique	8.00	7.75
Alcool propylique. . . .	2.90	3.75
Alcool butyrique	2.00	1.85
Alcool amylique	1.70	1.50

Ainsi, de tous ces alcools l'amylique est le
poison le plus violent. Or, ce composé se retrouve
précisément d'une façon presque constante dans

toutes les boissons qui sont livrées à la consommation publique [1].

La question est d'ailleurs encore plus complexe. D'autres substances non moins délétères se trouvent en effet mélangées à ces alcools, dont elles viennent renforcer le pouvoir toxique. Tels sont les aldéhydes, les éthers, les acétates d'éthyle et d'amyle, le furfurol, produits dus en général à des distillations insuffisantes.

De plus, les industriels ont l'habitude d'ajouter à certaines liqueurs des essences artificielles et d'aromatiser les alcools avec des huiles de vin françaises et allemandes, avec des *bouquets*. Il y a donc là une nouvelle source de danger.

Enfin d'autres causes peuvent intervenir encore, dont l'influence sclérogène semble bien démon-

---

1. M. Darenberg (Acad. de méd., juillet et octobre 1895), qui a eu recours à la méthode des injections intra-veineuses pour mesurer la toxicité des diverses boissons alcooliques, a trouvé que l'alcool pur à 50° est moins toxique que les alcools impurs, par exemple l'eau-de-vie et surtout la vieille eau-de-vie de vin marquant le même degré. D'après ses recherches, une solution d'eau-de-vie de vin à 10° d'alcool serait aussi moins toxique qu'un vin à 10°.

trée. L'addition aux vins de matières colorantes, leur plâtrage et leur acidité excessive, leur vinage au moyen d'alcools de grains, sont autant de facteurs en apparence accessoires, mais que les recherches contemporaines ont nettement mis en valeur.

Dans un travail auquel nous avons déjà fait allusion, Françon a énuméré les différentes boissons qui sont d'un usage courant et en a étudié la composition. Il a ainsi passé successivement en revue les suivantes : *Eaux-de-vie* (de marc de raisin, de cidre ou de poiré, de grains, de pomme de terre, de betterave, de mélasse); *liqueurs* (rhum, cognac, absinthe, alcool de menthe, vulnéraire, kirsch); *bière*; *poiré*; *cidre*; *vin*.

Nous n'insisterons pas sur les détails relatifs à chacune de ces boissons. Aussi bien les appréciations des auteurs au sujet de l'influence prépondérante de tel ou tel liquide sur le développement de la cirrhose sont-elles très différentes. Signalons les principales.

M. Potain incrimine surtout les spiritueux

(rhum, eau-de-vie, cognac) et les liqueurs renfermant des essences (absinthe, amer Picon, Raspail, vermouth).

Cyr accorde un rôle capital aux liqueurs purement spiritueuses; c'est à elles qu'il attribue 170 cas sur un total de 205 observations de cirrhose.

M. Lancereaux est d'un avis opposé. Les faits nombreux qu'il a vus depuis trente ans démontrent, suivant lui, de la façon la plus positive, que les buveurs de vin, bien plutôt que les buveurs d'alcool et d'essences, deviennent cirrhotiques. Il fait remarquer que ces malades sont en majeure partie des tonneliers, des sommeliers, des camionneurs de l'Entrepôt, des porteurs à la Halle, tous ouvriers qui s'adonnent principalement au vin et en boivent 4, 5, 6 litres et plus dans les 24 heures. « La cirrhose, conclut M. Lancereaux, se voit donc surtout chez les buveurs de vin, et, dès lors, il n'y a pas de doute que ce liquide ne soit l'agent étiologique de l'induration hépatique; mais il est à remarquer que son action nocive est bien moins l'effet de l'alcool qu'il renferme que celui des principes acides ou autres qu'il contient. »

Le cidre et la bière paraissent peu capables d'engendrer des désordres hépatiques graves. Cependant, en Allemagne, quelques médecins considèrent la bière comme pouvant produire la cirrhose. M. Lancereaux n'a vu qu'un cas semblant venir à l'appui de cette manière de voir.

Mentionnons enfin, comme cause d'intoxication chez la femme, l'usage prolongé du vulnéraire, de l'eau de mélisse, voire même de l'eau de Cologne.

Du reste, ce n'est vraisemblablement que dans des cas d'excessive rareté qu'on a l'occasion de constater l'unicité de l'intoxication causale. « Toutes ces distinctions étiologiques, dit M. Chauffard, sont souvent un peu artificielles et les alcooliques exclusifs dans leur choix sont l'exception ; la plupart sont éclectiques et abusent à peu près autant du vin que des liqueurs. »

CHAPITRE III

ANATOMIE PATHOLOGIQUE

Nous étudierons successivement les deux formes que nous avons signalées : 1° la cirrhose atrophique ou cirrhose de Laënnec; 2° la cirrhose alcoolique hypertrophique.

I. — CIRRHOSE ATROPHIQUE OU CIRRHOSE DE LAENNEC.

A. — Étude macroscopique.

Volume et poids du foie. — Ce qui frappe tout d'abord, c'est la diminution de volume du foie. Il est petit, caché derrière les fausses côtes, souvent réduit à une sorte de moignon à peine reconnaissable. Son poids peut être abaissé jusqu'à 900, 800 grammes et moins encore. Mais le poids spécifique de l'organe est accru.

Forme. — Sa forme est souvent assez bien conservée, sauf l'aspect du bord antérieur qui est devenu mousse et qui, fréquemment, est échancré par des brides fibreuses. Dans certains cas, l'atrophie porte d'une façon bien plus marquée sur un lobe : dans le livre de Frerichs, on voit le dessin d'un foie dont le lobe gauche n'est plus représenté que par quelques nodosités rudimentaires

Aspect. — La surface du viscère est inégale et présente une multitude de saillies et de dépressions qui lui donnent un aspect granuleux, mamelonné. Ces granulations ont un volume qui varie de celui d'une tête d'épingle ou d'un grain de mil à celui d'une lentille ou d'une noisette. Le plus souvent, ces saillies, de dimensions variables, sont réparties irrégulièrement. D'autres fois, elles sont à peu près égales comme volume, soit qu'il n'y ait que de petites granulations, soit qu'au contraire elles se montrent presque toutes volu-

mineuses. Lorsque ce sont ces dernières qui pré-
dominent, le foie est désigné sous le nom de *foie
clouté* (hobnailed liver). Dans certains faits excep-
tionnels, les granulations font saillie sous forme
de tumeurs pédiculées ou sessiles, en choux-fleurs,
par suite de la rétraction du tissu fibreux qui tend
à les énucléer (*cirrhose énucléante*). Enfin l'organe
peut être divisé en lobes par des tractus fibreux :
c'est le *foie lobé* (Dieulafoy).

Consistance. — La consistance du foie est
considérablement augmentée. Il est ferme, dur,
élastique. Il résiste très nettement à l'ongle qui
cherche à l'entamer et il crie sous le couteau.
Dans certains cas de date ancienne, il offre la
résistance d'un tissu chondroïde et, parfois même,
s'infiltre par places de carbonate et de phosphate
de chaux.

Couleur. — Sa coloration extérieure est très
variable, tantôt jaune, cuir fauve ou brune,
tantôt vert jaunâtre ou ardoisée, parfois grise et
même blanchâtre. Ces différences dépendent du
degré d'infiltration biliaire, de l'état plus ou

moins graisseux du parenchyme et de l'épaisseur des fausses membranes péritonéales. Lorsque le foie est fortement cirrhosé on voit sur la coupe, « à l'œil nu, de larges travées et îlots d'un tissu fibreux semi-transparent, comparable au tissu fibreux cornéen » (Cornil et Ranvier).

Péritoine et capsule de Glisson. — Habituellement, il y a de la périhépatite et l'on voit, outre les couches de néo-membranes qui recouvrent le foie, des adhérences fibroïdes, denses ou lâches, qui unissent ce viscère à la concavité du diaphragme et à la paroi abdominale.

La capsule de Glisson est aussi fibroïde et comme opalescente. Elle est plus manifestement épaissie encore dans les sillons qui séparent les granulations. Souvent elle offre de petites végétations villeuses qui lui donnent l'aspect de la peau de chagrin (Cornil et Ranvier). Quand on la détache, on enlève avec elle des débris de tissu hépatique adhérent.

Surface de coupe. — Sur la coupe, on retrouve les mêmes granulations que superficiellement, mais moins saillantes et avec tendance moins marquée à l'énucléation. Cette surface de section est bien caractéristique. On y voit : 1° d'une part, une substance ferme, quelquefois rouge ou rosée, plus souvent grise et semi-transparente, se continuant avec les dépressions de la capsule de Glisson (c'est le tissu de sclérose disposé sous forme d'anneaux, de nappes ou de bandes plus ou moins épaisses); 2° d'autre part, des îlots de parenchyme hépatique circonscrits par la sclérose et offrant une teinte tantôt d'un jaune rougeâtre, tantôt d'un jaune chamois, d'autres fois verdâtre ou vert foncé.

Voies biliaires. — Les voies biliaires et la vésicule sont intactes. La bile conserve son apparence à peu près normale. Elle peut être soit abondante, aqueuse et peu colorée, soit au contraire visqueuse, dense, d'un brun foncé.

Rate. — La rate est souvent tuméfiée, mais non d'une façon constante. L'hypertrophie de la glande n'existe, d'après Frerichs, que dans la moitié des cas (18 fois sur 36). Le poids peut être de 500, 800, 1 200 grammes. Dans d'autres cas, c'est une véritable atrophie splénique que l'on constate. La capsule est habituellement épaissie ou même de consistance fibro-cartilagineuse. On a émis plusieurs hypothèses pour expliquer ces divers états de la rate; il est rationnel d'admettre que cette splénite est sous la dépendance des mêmes éléments étiologiques que l'hépatite interstitielle qu'elle accompagne.

Reins. — Les reins peuvent être volumineux, mous, congestionnés ou très diminués de volume, durs, sclérosés. Wollmann a trouvé 17 fois de la cirrhose rénale sur 24 cas. et Handfield Jones, 26 fois sur 30 cas. Ces chiffres peuvent s'expliquer en partie par la coexistence d'une néphrite interstitielle, en partie par l'influence de l'alcool agissant simultanément sur tous les viscères.

Péritoine. — Le péritoine, feuillet pariétal et feuillet viscéral, est aussi le siège de lésions inflammatoires. Outre la périhépatite que nous avons déjà mentionnée, il existe fréquemment de la péritonite chronique diffuse, sous forme d'as-

pect villeux de la séreuse, d'adhérences filamen-
teuses, de couches de néo-membranes plus ou
moins épaisses, parfois même de végétations
vasculaires qui peuvent être le point de départ
d'hémorragies.

La cavité abdominale est distendue par le
liquide ascitique : nous aurons à revenir ultérieurement sur ce sujet.

Intestin. — Le mésentère est épaissi et rétracté.
L'intestin est diminué au point de vue de son
calibre et de sa longueur. Cette dernière lésion,
déjà décrite autrefois par R. Bright, a été étudiée
plus récemment par Gratia[1]. La longueur de l'intestin grêle, qui est en moyenne de 8 mètres, des-
cend à 6 m. 90, 5 m. 10, 4 m. 70, 3 m. 80 et
même 3 m. 55. Le gros intestin, qui mesure
1 m. 65 à l'état physiologique, n'a plus souvent
que 1 m. 60, 1 m. 10 ou même 1 mètre. Le rac-
courcissement semble d'autant plus marqué que
la cirrhose est plus ancienne. Dans un cas de
cirrhose alcoolique où le foie ne pesait plus que

1 Gratia. *Semaine médic.*, 1890.

780 grammes, M. Chauffard a trouvé un intestin grêle de 5 m. 35, et un gros intestin de 1 m. 60. Dans un autre cas du même auteur, où la cirrhose était plus récente, l'intestin grêle mesurait 7 m. 05 et le gros intestin 1 m. 77.

Les parois de l'intestin ainsi diminué de longueur sont épaissies et les valvules conniventes, d'apparence quelquefois œdémateuse, sont très rapprochées les unes des autres. Il y a là une sorte d'atrophie de la masse intestinale. « Plusieurs facteurs, dit M. Chauffard, interviennent dans l'étiologie de ces lésions : épaississement périphlébitique des radicules originelles de la veine porte (Dieulafoy); péritonite insidieuse généralisée, intéressant le feuillet intestinal et les lames mésentériques, rétractant à la fois la séreuse et l'intestin; la pression exercée par l'épanchement ascitique lui-même; enfin, parfois, l'hypertrophie des fibres longitudinales lisses de l'intestin (Gratia) ».

« Comme conséquences de cette atrophie progressive de l'iléon, le champ de la chylification

et de l'absorption intestinale se rétrécit de plus
en plus et l'obstacle croissant apporté à la circulation du sang et de la lymphe dans les parois
même du tube digestif devient une cause accessoire d'ascite. C'est donc là, en somme, une im-
portante lésion dont la recherche s'impose, à
l'avenir, dans les autopsies de cirrhose atrophique. »

Veine porte et veine cave. — Le tronc et les
branches de la veine porte sont habituellement
dilatés. On peut souvent y constater un double
processus d'endophlébite et de périphlébite ; parfois même il y a thrombose oblitérante et phlébite
adhésive. Mais ces dernières lésions sont rares.

La gêne circulatoire intra-hépatique entraîne
aussi l'ectasie des branches de la grande et de la
petite mésaraïque et le développement d'une circulation collatérale par les veines portes accessoires qui communiquent avec la circulation
générale. Les veines hémorroïdales et les veines
œsophagiennes sont distendues et variqueuses.
Nous verrons quels accidents peuvent résulter de

cette altération des plexus veineux gastro-œso-
phagiens.

La veine cave n'est ordinairement pas malade.
Pourtant dans un cas de R. Lyons, la rétraction
du foie était telle, que ce vaisseau était enserré
et considérablement diminué de calibre.

Cœur. — Le cœur peut être mou, dilaté, avec
surcharge graisseuse sous-péricardique. Le ven-
tricule gauche s'hypertrophie, lorsqu'il y a coexistence de néphrite interstitielle.

Poumons. — Les poumons sont congestionnés
ou même atélectasiés au niveau de leurs lobes
inférieurs. Très fréquemment, on constate de la
pleurésie sèche ou exsudative de la base du côté
droit.

B. — ÉTUDE MICROSCOPIQUE.

Nous savons que la cirrhose hépatique est
caractérisée anatomiquement par une hyperplasie
du tissu conjonctif formant des tractus fibreux
qui entourent des îlots de parenchyme glandulaire. Voyons d'abord quelle est la topographie
générale des lésions; nous examinerons ensuite

en particulier les altérations des différents éléments du lobule.

TOPOGRAPHIE.

Il faut, pour cette étude, examiner à un faible
grossissement des coupes comprenant une cer-
taine étendue du parenchyme.

Lorsque ces coupes ont été traitées par le picro-
carmin, on reconnaît immédiatement les zones
scléreuses colorées en rose et disposées sous
forme soit de bandes épaisses, soit de tractus
minces, soit encore de plaques plus ou moins
étalées, zones scléreuses qui forment des réseaux
à mailles polygonales ou circulaires, circonscri-
vant des îlots de cellules hépatiques. Les limites
respectives des deux tissus, conjonctif et glandulaire, sont nettement tranchées.

On avait pensé tout d'abord que ces îlots de
substance hépatique correspondaient à des lobules
normaux entourés par une gangue conjonctive
épaissie. Un examen plus approfondi a montré
qu'il n'en était rien et que la répartition du tissu
cirrhotique était en réalité tout autre.

Deux particularités sont immédiatement à noter : 1° les ilots sont disposés sans ordre et n'offrent pas les travées rayonnantes du lobule normal ; 2° au centre de ces nodules parenchymateux, on ne trouve pas trace de veine sus-hépatique.

Sabourin a donné l'explication de ce double fait. On ne voit pas les veines sus-hépatiques, parce qu'elles sont, comme les veines portes, en plein tissu fibreux, soit sur le trajet d'un tractus, soit souvent aux points de jonction de plusieurs bandes scléreuses. Et, si l'on ne reconnaît plus l'ordination trabéculaire normale, c'est que le lobule est dissocié, fragmenté par les bandes de tissu conjonctif, et qu'aucune des masses parenchymateuses dont nous venons de parler n'est constituée par un lobule hépatique total.

Cette sclérose des veines sus-hépatiques n'est pas une lésion de propagation, car on la constate de la façon la plus claire sur des foies atteints de cirrhose au début, chez des alcooliques, par exemple, ayant succombé à une maladie intercurrente, telle qu'une pneumonie.

On voit, dans ces cas, qu'il y a deux grands centres d'évolution de la sclérose, deux systèmes de travées fibreuses, l'un péri-sus-hépatique, l'autre péri-portal, ce dernier facilement reconnaissable à la présence de l'artère hépatique et des canaux biliaires qui accompagnent la veine porte. Ces deux systèmes s'envoient de fréquentes anastomoses et segmentent ainsi les lobules, dont ils détruisent plus ou moins complètement l'ordination trabéculaire. Il se peut même, lorsque la cirrhose péri-sus-hépatique prédomine en une région, qu'elle circonscrive en ce point une portion de parenchyme, au centre duquel se verra un espace porte plus ou moins sclérosé lui-même.

Le tissu scléreux a donc ici une double origine et les deux systèmes veineux hépatiques participent à sa formation. Ainsi se trouve légitimé le terme de *cirrhoses bi-veineuses*, si souvent appliqué aux cirrhoses alcooliques.

Mais cette sclérose périphlébitique n'est pas construite sur un type uniforme, et, avant d'en analyser les diverses modalités topographiques, il est nécessaire de rappeler quelques notions d'anatomie normale.

On sait que les auteurs décrivent les lobules hépatiques comme de petits organes entourés de côtés et séparés les uns des autres par l'épanouissement terminal des *veines inter-lobulaires*, lesquelles proviennent de vaisseaux plus volumineux, les *veines pré-lobulaires* ou *sus-lobulaires* logées dans les *espaces porto-biliaires*. Les classiques ajoutent, en ce qui concerne les *veines sus-hépatiques*, que le sang des veines centrales (*intra-lobulaires*) est recueilli par des veines collectrices (*veines sub-lobulaires*) à la base des lobules, et que les veines qui leur succèdent suivent un trajet sculpté en plein parenchyme autour des lobules.

Les recherches de Sabourin ont singulièrement modifié cette conception. Cet auteur a démontré que les « lobules hépatiques entourés seulement d'espaces et de fissures portes (dans le sens classique, c'est-à-dire contenant les dernières ramifi-

cations porto-biliaires) sont en infime minorité;
qu'au contraire, l'immense majorité des sections
lobulaires ont à leur périphérie des voies porto-
biliaires de tout calibre », constatation qui contredit
formellement la formule ancienne, puisque, suivant elle, « les lobules ne devraient avoir autour
d'eux que les ramifications terminales et que les
gros canaux ne devraient pas être au contact
immédiat du parenchyme lobulaire, c'est-à-dire
servir à délimiter le lobule. » Sabourin a de plus
relevé l'erreur relative à la disposition des veines
centrales et des veines sus-hépatiques en général.
Pour lui, les veines sub-lobulaires n'existent pas
et les veines sus-hépatiques ne se voient, en
coupe transversale, qu'au centre des sections
lobulaires; c'est là aussi que se trouvent les
confluents veineux. « Nous n'apprendrons rien à
personne, fait-il remarquer, en disant qu'une
foule de sections lobulaires, on ne peut plus
lobulaires, ont à leur centre un orifice veineux
large, à parois denses et épaisses; qu'il y a ainsi
des masses de lobules perforés par des veines que

l'on ne peut, malgré toute la bonne volonté dési-
rable, regarder comme des veines centrales (d'origine intra-lobulaire). C'est à tel point que l'on
trouve des lobules dont la veine centrale peut être
représentée par un canal de calibre monstrueux,
et qu'on pourrait en conclure que toutes les
veines sus-hépatiques sont susceptibles de servir
de veines intra-lobulaires.... Cela veut dire sim-
plement que les centres lobulaires peuvent contenir autre chose que des veines centrales à
origine totalement intra-lobulaire.... Comme corollaire il faut ajouter ceci : jamais on ne trouve la
coupe des grosses veines sus-hépatiques entre les
lobules; toujours au contraire la coupe d'une
veine de calibre quelconque est entourée d'une
atmosphère de parenchyme qui forme lobule
autour d'elle. »

Signalons enfin un groupe de vaisseaux, décrits
par Sabourin, les veines sus-hépato-glissoniennes,
qui partent des canaux porto-biliaires d'un certain volume pour se jeter dans la veine intra-
lobulaire la plus voisine.

Pour le moment retenons surtout ceci, à savoir
que si l'on examine les veines portes en remon-
tant le cours du sang, on trouve des canaux de
plus en plus volumineux (divisions de premier,
de deuxième, de troisième ordre, toutes situées au
contact même des lobules); et que, de même, les
veines sus-hépatiques augmentent de calibre, en
passant d'une division d'un ordre à la division
de l'ordre supérieur, depuis les veines centrales
intra-lobulaires (au sens classique) jusqu'aux
veines sus-hépatiques efférentes, toutes les veines sus-hépatiques se trouvant au centre des sections lobulaires.

Ainsi les conduits veineux qui représentent les
travées directrices de la cirrhose sont de dimensions variables. Or, c'est précisément le fait, ici
de la localisation du processus à des vaisseaux
d'un ordre assez élevé, là de sa diffusion à la
totalité du système veineux et jusqu'à ses derniers
ramuscules, qui imprime à la lésion, dans chacune de ces deux éventualités, des caractères
particuliers.

Telle est l'origine des différences d'aspect du foie qui répondent aux deux variétés décrites sous

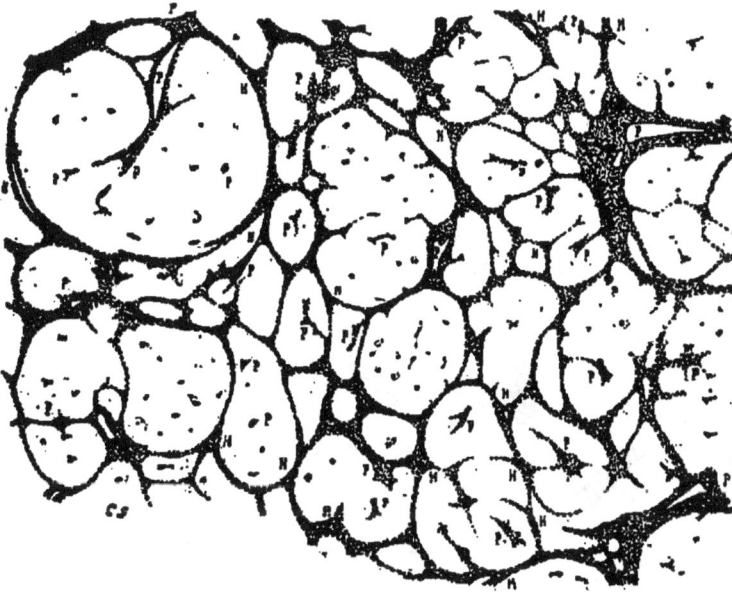

Fig. 1. — Cirrhose mono-lobulaire.

Croquis de la trame fibreuse d'après nature. — P. Espaces porto-biliaires ; H, veines sus-hépatiques (Ch. Sabourin).

le nom de *cirrhose mono-lobulaire* et de *cirrhose multi-lobulaire*.

Dans la *cirrhose dite mono-lobulaire* (fig. 1), toutes les ramifications des systèmes porte et sus-hépatique sont intéressées, et simultanément. La veine centrale du lobule est prise, de même que

ses anastomoses (zones sus-hépatiques), en sorte
que le lobule veineux est dissocié par la cirrhose.

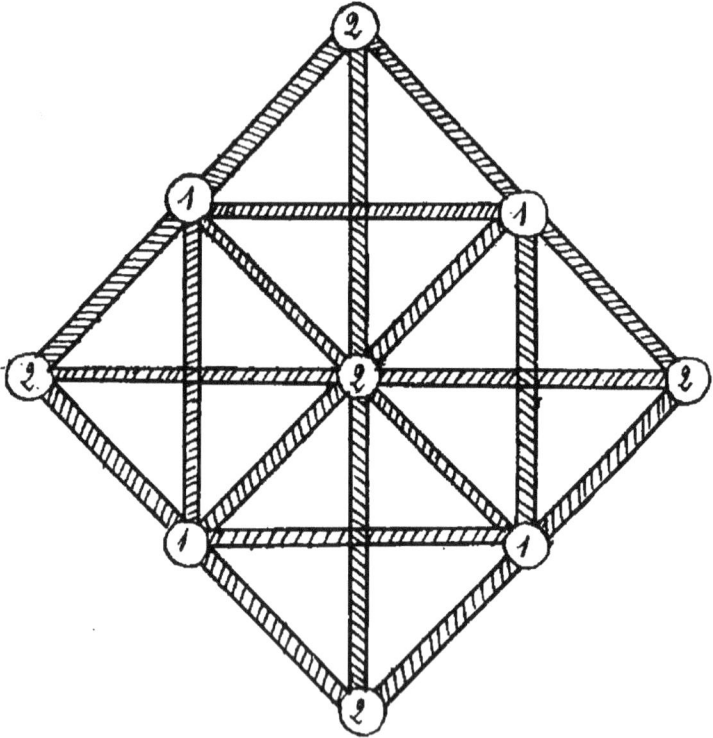

Fig. 2. — Schéma de la dissocation du lobule dans la cirrhose
mono-lobulaire.

La trame fibreuse est représentée par les hachures. — 1. Espaces
porto-biliaires ; 2. Veines sus-hépatiques.

De plus les espaces portes s'élargissent aussi et
envoient des prolongements dans la direction des

veines sus-hépatiques (par les veines sus-hépato-
glissoniennes par exemple) et des espaces portes
voisins. Il résulte de là un fractionnement mul-
tiple du lobule, avec formation d'îlots dans l'intérieur desquels il n'y a pas de vaisseaux apparents.
Le remaniement de la structure lobulaire et la
répartition du tissu de sclérose seront bien com-
pris à l'aide du dessin schématique ci-contre
(figure 2).

On voit combien est impropre, ainsi que
l'écrivaient déjà MM. Cornil et Ranvier dans leur
manuel d'histologie pathologique, cette désigna-
tion de cirrhose monolobulaire, créée au moment où l'on croyait l'îlot de cirrhose formé
par un lobule hépatique entouré d'un anneau
conjonctif. L'appellation plus simple de *cirrhose
à petites granulations* aurait au moins le mérite de ne rien préjuger et de traduire simple-
ment le fait anatomique macroscopiquement appréciable.

Le type histologique de la *cirrhose multi-lobulaire* ou *à grosses granulations* est plus difficile

peut-être à saisir. Les grains arrondis, irrégulièrement volumineux, que l'on constate ici, étaient
autrefois considérés comme résultant de la

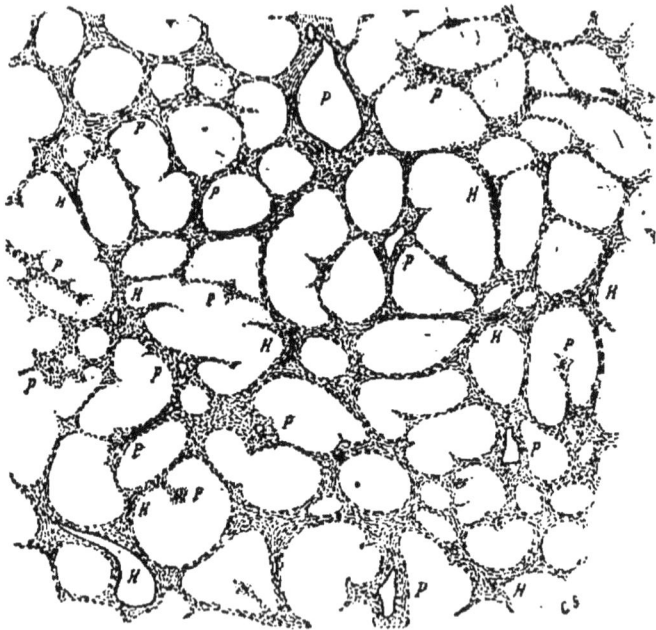

Fig. 3. — Cirrhose multi-lobulaire.

Croquis de la trame fibreuse d'après nature. — P. Espaces porto-
biliaires; H. Veines sus-hépatiques (Ch. Sabourin).

réunion de plusieurs lobules entourés d'une gaine
fibreuse commune passant par des espaces portes.
En réalité la cirrhose est encore systématisée,
comme précédemment, autour des veines sus-

hépatiques et des espaces portes, ainsi qu'on peut s'en convaincre en examinant la figure 3. On voit, sur cette coupe, que les grosses granulations sont circonscrites par un anneau fibreux comprenant dans sa trame des espaces portes et des veines sus-hépatiques. On remarque en outre, dans l'aire de cet anneau, quelques veines centrales libres, ainsi qu'un ou plusieurs canaux portes reliés par une sorte de pédicule scléreux à l'enveloppe fibreuse commune. Ce ne sont donc pas les veines centrales (dans le sens ancien) qui sont intéressées, ni les dernières ramifications des veines interlobulaires : ce sont des veines d'un ordre supérieur, les veines dites autrefois sub-lobulaires et d'autre part les veines pré-lobulaires, qui forment les travées du tissu fibreux pathologique. Ainsi s'explique la présence, dans ce territoire d'îlots glandulaires, de domaines portes et sus-hépatiques respectés par la sclérose.

Il se peut que les granulations volumineuses soient intérieurement divisées par des tractus qui les segmentent en plusieurs départements. Mais ces cloisons secondaires n'offrent jamais l'épaisseur ni la résistance de la coque principale, et le processus cirrhotique dans son ensemble, abstraction faite de cette lésion de seconde main, appartient sans contredit à un mode évolutif spécial, caractérisé par sa localisation à des veines d'un calibre relativement assez fort.

LÉSIONS DÉTAILLÉES.

Il nous reste à étudier maintenant, à un grossissement supérieur, les lésions des divers éléments qui entrent dans la structure du foie.

Tissu conjonctif. — L'hyperplasie de ce tissu est la lésion caractéristique de la maladie. Lorsque la cirrhose est jeune, les bandes conjonctives sont composées de fibrilles entre lesquelles on voit une assez grande quantité de cellules rondes ou fusiformes. Si la maladie est de date ancienne, les fibrilles se sont épaissies et transformées en faisceaux adultes semi-transparents, hyalins, extrêmement denses et parsemés de fibres élastiques. En un mot, on peut observer toutes les modalités du tissu conjonctif, depuis les éléments embryonnaires jusqu'aux faisceaux fibreux rétractiles. Au milieu de ces travées prolifératives, on trouve aussi, outre les cellules plates de tissu conjonctif, des cellules hépatiques isolées ou réunies par petits groupes, pourvues ou non de noyaux, bien qu'habituellement atrophiées, et facilement reconnaissables encore à cause de leur infiltration par des granulations pigmentaires ou graisseuses.

Les coupes qui intéressent la périphérie de l'organe et qui comprennent les végétations de la capsule de Glisson et du péritoine montrent que ces productions sont également composées de faisceaux de tissu conjonctif, séparés par des cellules plates. La plupart des végétations volumineuses contiennent des vaisseaux. Toutes sont recouvertes, à leur surface, de cellules épithéliales disposées en couches épaisses, et semblables aux grosses cellules épithéliales du péritoine enflammé. Les liquides injectés dans la veine porte pénètrent dans les vaisseaux de ces végétations.

Les adhérences qu'elles contractent avec les organes voisins favorisent donc vraisemblablement le retour du sang de la veine porte au cœur par des voies collatérales (Cornil et Ranvier).

Veine porte. — Ce sont les branches de la veine porte qui, avec les veines sus-hépatiques, représentent la localisation initiale du processus morbide.

Au début, elle sont entourées d'un manchon de cellules rondes, et leur paroi externe est infiltrée des mêmes éléments. Le tissu conjonctif qui accompagne les vaisseaux capillaires dans l'îlot cirrhotique subit quelquefois aussi par places la même altération. Les travées embryonnaires qui résultent de cette inflammation périphlébitique ne tardent pas à s'épaissir, et, souvent, les vaisseaux portes qu'elles contiennent se laissent considérablement distendre. Dans un cas rapporté par M. Cornil, ces dilatations veineuses étaient telles que certaines portions du foie offraient l'aspect d'un tissu caverneux à larges lacunes, absolument comparable à celui des tumeurs érectiles.

Quand la maladie est plus avancée, les parois

veineuses végètent intérieurement, deviennent fibreuses et se confondent avec le tissu sclérosé voisin. La paroi propre du vaisseau a donc disparu. Même à cette période, les anneaux cirrhotiques offrent encore un lacis vasculaire très riche sous forme de canaux assez volumineux, sculptés en quelque sorte dans le tissu conjonctif induré et tapissés d'un revêtement de cellules endothéliales.

Signalons enfin la possibilité, dans quelques cas, de phlébite et de thrombose des rameaux et même du tronc de la veine porte.

Artère hépatique. — L'artère hépatique, qui chemine dans l'espace porto-biliaire au contact de la veine porte, montre les mêmes lésions que celle-ci; mais elles sont postérieures, bien qu'Ackermann ait prétendu que le processus phlegmasique de la cirrhose était dû, non pas à la phlébite, mais à l'artérite et à la périartérite.

C'est surtout à propos des dilatations vasculaires du tissu scléreux, que le rôle de l'artère hépatique a été l'objet de controverses. Contrairement à la plupart des auteurs, qui admettent que ce réseau est une dépendance du système porte, Frerichs et Rindfleisch ont pensé qu'il était alimenté par le système artériel anormalement accru. Cette opinion compte pour elle un petit nombre de partisans, et les expériences de MM. Cornil et Ranvier sont peu en sa faveur. Cependant, d'après M. Chauffard, « si l'on cherche à injecter les branches de la veine porte et de l'artère hépatique, on voit que la masse à injection pénètre mal et incomplètement dans les rameaux portes, tandis que par l'artère hépatique elle remplit très facilement tous les réseaux capillaires de nouvelle formation. Il semble se produire ainsi dans le domaine de l'artère hépatique une véritable circulation de suppléance destinée à compenser l'apport insuffisant de la veine porte. »

Veine sus-hépatique. — Les veines sus-hépatiques sont atteintes, au même titre que les veines portes, d'endophlébite oblitérante et de périphlébite, en sorte qu'elles se présentent, quand la

lésion est définitivement constituée, comme des
amas arrondis ou des faisceaux allongés de tissu
fibreux, suivant que la section de la veine est
transversale ou oblique. Dans le thrombus orga-
nisé, des lacunes apparaissent qui rétablissent
partiellement la circulation. Parfois aussi on voit,
autour des veines ainsi altérées et en plein tissu
fibreux, de grands sinus remplis de sang, ainsi
que les lacunes précédentes, et, comme elles,
revêtues de cellules endothéliales.

Cette cirrhose sus-hépatique peut être prédomi-
nante dans certains cas. C'est dans cette catégorie de faits que rentreraient surtout, d'après
Sabourin, les cirrhoses graisseuses. Exceptionnellement cette localisation sus-hépatique peut
même exister seule, les espaces porto-biliaires
restant indemnes.

La gêne circulatoire dont le foie est le siège,
et qui a pour conséquence l'établissement de
voies de dérivation collatérale du sang et la production de l'ascite, s'explique aisément avec de
telles lésions du système vasculaire hépatique.

Déjà, à l'état normal, la *vis a tergo* est faible dans la veine porte; mais dans la cirrhose, les causes de la stase sanguine se trouvent singulièrement multipliées. Ces causes sont les suivantes, d'après MM. Cornil et Ranvier : 1° le défaut de contractilité et d'élasticité des parois veineuses du système porte comprises dans le tissu cirrhosé; 2° l'oblitération d'un certain nombre de capillaires de l'îlot par l'extension de la cirrhose au tissu cellulo-vasculaire des lobules; 3° l'oblitération des veines sus-hépatiques; 4° exceptionnellement la thrombose plus ou moins étendue de la veine porte. M. Dieulafoy admet en outre que les radicules, portes originelles, peuvent être aussi atteintes d'endophlébite, en sorte que la cause de l'ascite serait aussi bien périphérique que centrale.

Voies biliaires. — L'intégrité, au moins initiale, des voies biliaires inter-lobulaires forme un contraste remarquable avec l'état du système veineux. Leur membrane propre, leur revêtement épithélial de cellules cubiques sont bien conservés, et leur lumière centrale est libre.

Mais dans les bandes de sclérose, il s'est développé un système de canaux anastomosés en
réseau, dont la continuité avec les canaux biliaires
inter-lobulaires n'est plus discutée. De ces canaux,
les uns, volumineux et recouverts d'un épithélium
cubique, ont une lumière parfaitement visible, les
autres, plus petits, rectilignes ou sinueux, présentent un épithélium moins élevé, parfois allongé
et aplati, remplissant complètement la cavité.

Quelle est la signification anatomique de ce
réseau biliaire anormal?

S'agit-il là, comme on l'avait supposé tout
d'abord, de canaux biliaires inter-lobulaires et
intra-lobulaires rendus plus apparents par l'atrophie des trabécules hépatiques correspondantes?
Mais ces canalicules ont un épithélium de revêtement, et le réseau biliaire du lobule en est normalement dépourvu.

L'opinion de Charcot et de Ziegler, pour qui ces
néoformations résultaient d'un véritable bour-
geonnement des canaux inter-lobulaires, semblait
répondre à cette objection. Cette interprétation

n'a pu tenir davantage contre les recherches histologiques mieux approfondies.

D'après les travaux de Kelsch et Kiener, de
Sabourin, ces néo-canalicules ou pseudo-canalicules biliaires représenteraient des trabécules
hépatiques dont les cellules, perdant leurs caractères spécifiques, se seraient transformées en un
épithélium de revêtement. Et de fait, sur les
coupes, on peut voir fréquemment la bordure de
cellules cubiques des pseudo-canalicules se continuant directement avec une travée hépatique,
dont elle paraît être le prolongement modifié.

Cellule hépatique. — Ackermann considérait
les lésions cellulaires comme le processus pri-
mitif de la cirrhose, et, récemment, de Grandmaison, dans sa thèse, a repris et développé la
même théorie pathogénique. Cette doctrine semble difficile à soutenir dans les cas, exception-
nels il est vrai, mais dûment constatés, où les
cellules sont restées à peu près normales, alors
même que la cirrhose était notablement accen-
tuée.

Cette même intégrité des cellules hépatiques cadre peu aussi, d'autre part, avec une autre hypothèse avancée par quelques auteurs : celle du développement du tissu embryonnaire aux dépens des cellules glandulaires.

En réalité, les lésions des cellules hépatiques sont soit contemporaines de la prolifération conjonctive et produites par la même cause qu'elle, soit postérieures à la formation des anneaux fibreux dont la présence détermine des troubles d'irrigation et des phénomènes de compression.

Quoi qu'il en soit, en debors de la disparition de l'ordination trabéculaire normale qui est la règle, les deux lésions les plus fréquentes sont l'atrophie pigmentaire et la dégénérescence graisseuse.

L'atrophie pigmentaire laisse parfois à la cellule sa forme normale avec coloration nette du noyau : seules, ses dimensions primitives sont diminuées. Mais le plus souvent, les éléments cellulaires sont aplatis, déformés, et les trabécules qu'ils forment peuvent être, à la périphérie de

l'îlot, transformées en boyaux minces et allongés.

Les cellules atteintes de dégénérescence graisseuse contiennent de fines gouttelettes ou une
grosse goutte unique de graisse, et le noyau, fréquemment conservé, est alors rejeté à la périphérie. Cette lésion peut se montrer à un degré
d'intensité et de diffusion extrême dans certains
cas de cirrhoses graisseuses à marche aiguë
(Hanot).

Enfin les cellules, atteintes ou non d'atrophie
et de dégénérescence graisseuse, sont infiltrées
de pigment biliaire, de pigment sanguin ou de
pigment noir, d'où les colorations variées des
grains cirrhotiques.

Disons encore qu'il peut y avoir pigmentation
des cellules et état particulier du protoplasma,
avec noyau non colorable, analogue à la nécrose
de coagulation (Pilliet).

Au reste, on conçoit que les altérations dégénératives les plus variées puissent s'observer dans
une affection qui s'accompagne de troubles gastro-

intestinaux éminemment aptes à retentir sur le
foie par le processus de l'intoxication ou de l'infection. Ces lésions se trouvent au maximum dans
les faits qui se sont terminés par le syndrome de
l'ictère grave secondaire.

Adénome. — La cirrhose se complique parfois
de productions spéciales désignées sous le nom
d'adénomes. L'étude en a été faite par Forster,
Griesinger, Rindfleisch, Eberth, Lancereaux, et
plus récemment par Kelsch et Kiener, Sabourin,
Brissaud, Hanot et Gilbert.

Partiel ou généralisé à tout l'organe, l'adénome
se présente comme une tumeur de volume
variable, plus ou moins lobulée et nettement
enkystée. Les nodules adénomateux, ordinairement d'un gris jaunâtre tranchant sur le reste
du parenchyme, peuvent se désagréger, se ramol-
lir à leur centre et subir la transformation
caséeuse ou même hémorragique.

Au microscope, on voit que ces nodules, à leur
état adulte, sont constitués par des cylindres épithéliaux anastomosés, dont quelques-uns offrent

un canal central pouvant contenir, en certains
points, un amas de matière biliaire, qui produit
alors un renflement et donne à la trabécule néo-
plasique un aspect moniliforme. Ces cylindres
sont formés de cellules polyédriques, parfois de
dimensions égales ou même inférieures à la normale, souvent au contraire très volumineuses, à
noyaux énormes, multiples ou vésiculeux.

Les trabécules hépatiques voisines, refoulées
excentriquement, s'atrophient et s'aplatissent en
formant des lamelles imbriquées, à la manière
des bulbes écailleux de certains végétaux. Il se
développe en outre, autour du nodule d'adénome,
une cirrhose secondaire qui l'enkyste parfaitement et se distingue de la cirrhose générale
longtemps après la jonction des deux zones
fibreuses (Sabourin). La prolifération conjonctive
peut aussi envahir le nodule adénomateux et
isoler ainsi, partiellement ou en totalité, des
cylindres épithéliaux.

Il faut ajouter une dernière particularité, d'une
importance capitale au point de vue de l'interpré-

tation de la lésion, c'est que les veines portes et, plus rarement, les veines sus-hépatiques peuvent être obstruées par des cellules hépatiques ou par des cylindres identiques à ceux des nodules d'adénome, et que ces bouchons épithéliaux sont susceptibles d'envoyer des embolies spécifiques qui vont se greffer en aval sur les parois vasculaires, dans le foie ou même au delà, dans la veine cave, le cœur droit et les veines pulmonaires, pour y donner naissance à des tumeurs adénomateuses secondaires.

Qu'est-ce donc que cette production spéciale surajoutée à la cirrhose et quelles sont les relations qui les unissent l'une à l'autre? Cette question est intimement liée à celle de la nature si discutée de l'adénome.

Des caractères de structure de cette lésion, il est possible de tirer quelques déductions rationnelles.

L'adénome n'est pas la cause de la cirrhose, comme l'avait prétendu primitivement M. Lancereaux, puisque la cirrhose propre du nodule

adénomateux reste indépendante de la cirrhose
générale et qu'il est des faits où le foie, cirrhotique dans sa totalité, ne présente que quelques
tumeurs. Ce n'est pas davantage une complication, un accident uniquement d'ordre inflammatoire au cours de la cirrhose. Cette opinion, dé-
fendue par Sabourin, tombe devant ce fait, que
l'adénome peut exister sans cirrhose concomi-
tante. C'est en somme une véritable néoplasie
spécifique douée de caractères indéniables d'in-
fectiosité, ainsi que l'attestent hautement et l'enva-
hissement des vaisseaux et la généralisation aux
autres organes. Aussi MM. Hanot et Gilbert décri-
vent-ils l'adénome sous le nom de cancer avec
cirrhose ou d'épithéliome trabéculaire. Ces auteurs
pensent en outre, avec MM. Kelsch et Kiener, que
le développement de la cirrhose et de l'adénome
est simultané et que les deux processus résultent
des mêmes causes agissant concurremment sur le
tissu conjonctif et sur l'épithélium hépatique.

Ainsi l'alcool provoquerait tantôt une sclérose
hépatique pure et simple, tantôt une sclérose

avec productions adénomateuses ou cancéreuses.

Cette association d'un processus irritatif, inflammatoire, et d'une néoplasie maligne, infectante, ne se voit-elle pas du reste au niveau de l'estomac, et précisément sous l'influence du même agent étiologique? On sait en effet, que certaines gastrites d'origine alcoolique, accompagnées ou non de sclérose et d'adénome, peuvent se compliquer à un moment donné de néoformations épithéliomateuses.

2°. — CIRRHOSE ALCOOLIQUE HYPERTROPHIQUE.

Cette forme de cirrhose, bien connue depuis le mémoire de MM. Hanot et Gilbert, est moins fréquemment observée que la précédente. Ses caractères sont les suivants.

Le foie est lourd : il pèse 2 kil., 2 kil. 500, et même 3 kilogrammes. Ses bords sont mousses et sa coloration est d'un gris jaunâtre ou d'un jaune rosé. Sa surface présente des granulations, parfois assez saillantes, ordinairement petites, dont le volume varie de celui d'un grain de mil à celui d'un pois. Cet état granuleux est surtout marqué au niveau du bord postérieur et du lobe gauche : il est, d'une façon générale, beaucoup moins accusé que dans la cirrhose atrophique.

La consistance du parenchyme est ferme : il crie sous le scalpel. Sur la surface de section, on voit des anneaux fibreux rosés entourant des ilots jaunâtres.

L'examen histologique montre le foie segmenté par des anneaux de tissu scléreux encerclant des territoires de dimensions variables et comprenant, dans leur épaisseur, la totalité des espaces portes et la majeure partie des veines sus-hépatiques. Pourtant, dans un cas de MM. Jaccoud et Brissaud, qui semble bien appartenir à cette variété de cirrhose, la sclérose était uniquement péri-portale

Les travées cirrhotiques sont composées de tissu fibreux parsemé, suivant les points, de cellules migratrices, de dilatations capillaires et de pseudo-canalicules biliaires.

Les cellules hépatiques, généralement mieux conservées que dans la cirrhose atrophique,

peuvent s'hypertrophier et évoluer vers l'hépatite nodulaire par orientation concentrique des
travées. Toutefois, dans certains faits à marche
aiguë ou subaiguë, les cellules présentaient des
lésions dégénératives, surtout graisseuses, semblables à celles de la cirrhose atrophique à marche
rapide. Suivant Sabourin, on observerait surtout
alors une localisation sus-hépatique pure ou pré-
dominante du tissu de sclérose.

« En somme, concluent MM. Hanot et Gilbert,
comme la cirrhose alcoolique atrophique, l'hypertrophique est une *sclérose annulaire* et une
sclérose péri-veineuse. Ce n'est donc point dans
la topographie des lésions scléreuses que l'on doit
chercher la raison de l'atrophie ou de l'hypermé-
galie du foie dans les cirrhoses alcooliques. Il est
nécessaire de faire intervenir, d'une part la question d'épaisseur et de rétractilité des anneaux
scléreux, et, d'autre part, celle de la manière
d'être de l'élément parenchymateux, en face de
l'évolution cirrhotique. »

Ainsi ces auteurs considèrent l'augmentation

de volume du foie, dans la cirrhose alcoolique
hypertrophique, comme le résultat d'un processus complexe dont les éléments sont : 1° l'hypertrophie possible par places des travées hépatiques ; 2° l'addition au parenchyme normal ou
hypertrophié d'anneaux fibreux épais, creusés de
nombreuses angiectasies capillaires. Enfin, d'après
une communication récente de M. Hanot (Société
des hôpitaux, 10 juillet 1896), il y aurait lieu
d'admettre en plus un processus de régénéra-
tion de l'organe par hyperplasie du tissu hépatique.

En résumé, la cirrhose alcoolique peut se montrer sous les deux formes anatomiques macrosco-
piques *de cirrhose atrophique* et de *cirrhose hypertrophique*. Mais il faut bien savoir que ces
deux modalités ne sont pas plus d'essence différente « que l'ictère grave avec gros foie n'est
d'autre essence que l'ictère grave avec foie petit »
(Hanot et Gilbert). Ce ne sont, au point de vue noso-
graphique, que des types extrêmes reliés par une

série de cas intermédiaires, et le *volume du foie* n'est, dans l'espèce, qu'un *caractère accessoire*.

Au point de vue histologique, il est possible de distinguer les formes suivantes, susceptibles, nous l'avons vu, de se combiner entre elles, et dont la première est incomparablement la plus commune :

Cirrhose à localisation péri-portale et sus-hépatique.

Cirrhose à localisation sus-hépatique unique.

Cirrhose à localisation péri-portale unique.

Cirrhose avec lésions dégénératives aiguës (cirrhoses graisseuses).

Cirrhose avec adénome.

CHAPITRE IV

PATHOGÉNIE – EXPÉRIMENTATION

Les considérations étiologiques et l'exposé anatomique qui précèdent semblent établir sur des bases certaines le processus pathogénique de la cirrhose d'origine alcoolique, tel que nous l'avons admis.

Rappelons brièvement, et dans ses lignes essentielles, cette interprétation classique.

Le liquide irritant, absorbé par la muqueuse gastro-intestinale et charrié par le sang de la veine porte jusque dans le système veineux intra-hépatique, détermine à ce niveau de la phlébite et de la périphlébite avec prolifération, dans la trame interstitielle de l'organe, de cellules embryonnaires destinées à se transformer en éléments fibreux[1]. Cette hyperplasie conjonctive aboutit bientôt à la formation d'anneaux scléreux plus ou moins épais, encerclant des îlots de parenchyme d'étendue variable. Quant aux cellules hépatiques, le même agent étiologique, l'alcool, peut le laisser normal ou, plus souvent, l'impressionner. Dans la genèse de ces lésions cellulaires, d'autres facteurs interviennent d'ailleurs encore et non des moins importants, tels que la compression exercée par l'anneau scléreux, l'insuffisance de l'apport sanguin et la possibilité d'infections intercurrentes.

La simplicité apparente de ce mécanisme de physiologie pathologique a pu faire croire qu'il serait aisé de reproduire expérimentalement les lésions de la cirrhose.

---

1. TALMA (d'Utrecht) a invoqué (*Zeitschrift f. kl. Med.* 1895) une pathogénie différente. Pour lui, l'ascite est l'affection primitive, essentielle; elle est la conséquence de l'irritation directe du péritoine par l'agent toxique provenant de l'intestin; secondairement, les produits nocifs contenus dans la sécrétion péritonéale pénètrent dans le foie par la voie sanguine (portale et capsulaire) et par la voie lymphatique, provoquant ainsi l'hépatite interstitielle et parenchymateuse.

Or les résultats sont loin de répondre à cette prévision d'une façon concordante.

Dahlstrom[1], Duckek, puis Lallemand, Perrin et Duroy ne mentionnent aucune lésion hépatique à l'autopsie de chiens qu'ils intoxiquaient avec de l'alcool.

Kremiansky a noté, sans y insister, des lésions légères du foie ; d'autre part, Magnan, Ruge n'ont déterminé, avec le vin et l'alcool, qu'un certain degré de dégénérescence graisseuse chez leurs animaux en expérience.

Tous ces auteurs ne parlent qu'incidemment du foie ; car ils étudiaient l'intoxication alcoolique à un tout autre point de vue que celui de ses effets sur la glande hépatique.

Pupier, au contraire, s'est attaché particulièrement à cette recherche. Il a produit également de la dégénérescence graisseuse avec le vin et l'alcool ; puis, avec l'absinthe alcoolée et l'alcool

---

1. Voir pour les indications bibliographiques de ce chapitre la thèse de Laffitte (Paris, 1892) : l'Intoxication alcoolique expérimentale et la cirrhose de Laënnec.

absolu, il aurait provoqué de l'hépatite interstitielle.

De son côté, Sabourin n'a obtenu, chez des
cobayes alcoolisés pendant quatre et six semaines,
avec des solutions titrées de plus en plus fortes,
que de la stéatose sus-hépatique avec phlébite
capillaire de la même région.

Les expériences de Dujardin-Beaumetz et Audigé sont plus importantes par leur nombre
et leur durée. Dix cochons furent intoxiqués
pendant trois ans avec diverses espèces d'alcool dont ils absorbaient chaque jour environ
200 grammes. A l'autopsie, on ne constata
aucune trace de sclérose; le parenchyme hépatique était seulement friable et congestionné.

Jusqu'ici donc les insuccès sont, pour ainsi
dire, constants. Ce furent MM. Straus et Blocq
qui, les premiers, en 1887, purent réaliser la
production d'une cirrhose hépatique.

Ces expérimentateurs faisaient ingérer chaque
jour à des lapins une dose moyenne de 10 à
15 grammes d'alcools éthylique et amylique mé-

langés : le liquide était introduit dans l'estomac à l'aide d'une sonde. La plupart des animaux ont succombé accidentellement dans les premiers mois; trois sont morts le troisième mois et un autre vers le septième. Le dernier a été tué au bout d'un an.

L'aspect du foie des animaux ainsi alcoolisés n'était d'ordinaire pas modifié. Sa surface était lisse, sans épaississement de la capsule de Glisson. Son volume n'était pas augmenté. Dans les cas où l'expérience avait été poursuivie pendant un certain temps, la structure lobulaire était plus accusée que normalement.

Les lésions histologiques devenaient appréciables vers le troisième mois, sous forme d'infiltration des espaces portes, surtout de ceux de dernier ordre, par des cellules embryonnaires. Au septième mois, presque tous les lobules étaient circonscrits par des traînées de cellules migratrices plus abondantes au niveau des espaces portes. Mais ce tissu embryonnaire n'avait subi en aucun point l'organisation fibreuse.

La veine sus-hépatique a été trouvée constamment indemne. Les cellules n'étaient lésées qu'au contact même des infiltrats leucocytiques.

L'estomac présentait, lorsque la mort était survenue rapidement, des plaques ecchymotiques, des ulcérations, dans un cas même un abcès. Quand les lésions étaient anciennes, il y avait une gastrite scléreuse extrêmement prononcée.

Ainsi, concluent MM. Straus et Blocq, « l'alcool longuement ingéré provoque, en même temps qu'une gastrite chronique intense, des lésions du foie nettement systématisées dans la gaine de Glisson. Malgré la durée relativement longue de nos expériences et la vigueur avec laquelle l'alcoolisation a été poussée, ces lésions n'ont pas dépassé la phase initiale, embryonnaire de la cirrhose ».

Dans les travaux publiés ultérieurement[1] sur

1. Toutefois M. Masius (de Liége) a rapporté, en 1892, à l'Académie de médecine de Belgique, les expériences de M. de Rechter (de Bruxelles), qui aurait obtenu, sur un grand nombre de lapins et de chiens, les lésions caractéristiques de la cirrhose.

l'intoxication alcoolique expérimentale, ces altérations du foie n'ont pas été retrouvées.

Nous ne citons que pour mémoire les expériences de Mairet et Combemale, de Strassmann,
qui avaient surtout en vue l'influence de l'alcoolisme sur le système nerveux et qui n'ont observé,
à l'autopsie des animaux intoxiqués, que de la
dégénérescence graisseuse des cellules hépatiques.

De Grandmaison, qui intoxiquait des cobayes
par injection intra-péritonéale d'alcool absolu
dédoublé et avait pour principal objectif les
lésions cellulaires du foie, n'a trouvé, comme
lésion conjonctive, que de la sclérose embryonnaire disséminée par petits nodules, sans systématisation nette.

La thèse de Laffitte qui a spécialement trait
aux rapports de la cirrhose de Laënnec et de l'intoxication alcoolique, contient des faits très
instructifs qui doivent nous arrêter plus longtemps.

Cet auteur a fait absorber à 20 lapins des

liquides alcooliques variables comme nature et
comme quantité : de 50 à 250 grammes de vin ;
de 5 à 25 grammes d'alcool ; de 15 à 40 grammes d'absinthe. Ces liquides étaient mélangés à
du son et l'on donnait chaque matin cette pâtée,
à jeun, aux animaux. Beaucoup d'entre eux n'ont
été autopsiés qu'au bout de 8 et 10 mois ; l'un
d'eux a survécu 15 mois.

Dans ces conditions, Laffitte a produit des
lésions qui n'ont rien de commun avec la cirrhose
de Laënnec.

Le foie était augmenté de volume, plus ou
moins congestionné, non induré : sa surface
était lisse. Au microscope on ne trouvait ni phlébite, ni artérite. La lésion primitive était uniquement une lésion cellulaire.

Au début la cellule perd ses angles, s'allonge,
pendant que les capillaires s'élargissent ; mais
ses limites restent nettes et le noyau se colore
bien.

Dans une deuxième période, les cellules forment des boyaux aplatis parallèlement à la direc-

tion des capillaires; les contours des cellules ont disparu et leur individualité n'est reconnaissable qu'à la persistance du noyau plus ou moins atrophié.

Plus tard enfin, les cellules ont disparu presque complètement et ne sont plus représentées que par des filaments protoplasmiques mal colorés et disposés en réseaux, entre les capillaires dilatés. Le noyau n'est plus apparent. Cette lésion, qui marque le dernier stade, évolue par îlots et se montre comme des taches incolores disséminées sur la coupe.

Ainsi la trame conjonctive de l'organe était habituellement intacte. Exceptionnellement, on y voyait une infiltration embryonnaire légère, que Laffitte considère comme une lésion d'ordre infectieux et qu'il rapporte aux altérations profondes de la muqueuse gastrique constatées dans ces cas.

C'est aussi de cette façon qu'il explique les résultats obtenus par MM. Straus et Blocq, qui pratiquaient chez leurs animaux un cathétérisme quotidien. Les lésions produites par ce mode

opératoire auraient, suivant lui, permis aux
micro-organismes de l'estomac d'arriver au foie
par les conduits veineux ou lymphatiques, pour
y provoquer la réaction interstitielle que ces
auteurs ont signalée.

Les conclusions qui se dégagent de ces documents sont trop disparates, il faut l'avouer, et
leur signification est trop en désaccord avec les
données de la pratique médicale pour qu'il n'y
ait pas place à des recherches de contrôle. Les
animaux sur lesquels ont porté les expériences
présentent-ils un état particulièrement réfrac-
taire? Est-ce chez l'homme seul que l'alcool
peut produire une sclérose hépatique véritable?
Celle-ci se produit-elle seulement lorsque certaines conditions préalables se trouvent réalisées?
Faut-il incriminer les différentes techniques em-
ployées jusqu'ici? Telles sont les objections im-
médiates, et non sans valeur, que suggèrent les
résultats incomplets ou négatifs que nous avons
rapportés. Il y a là entre la pathologie expérimentale et l'observation clinique des dissidences que

d'autres travaux expliqueront sans doute tôt ou tard, mais qui ne sauraient prévaloir, en tout cas, contre une notion étiologique surabondamment démontrée.

———————

CHAPITRE V

SYMPTOMATOLOGIE

Les deux modalités, atrophique et hypertrophique, de la cirrhose des buveurs présentant, sauf quelques distinctions d'ordre accessoire qui seront signalées chemin faisant, la même expression clinique au début et pendant la phase d'état de la maladie, leur description sera confondue dans ce chapitre.

L'évolution et le pronostic de ces deux formes, qui comportent des particularités importantes pour chacune d'elles, seront étudiés plus loin séparément.

Période de début

Petits signes de la cirrhose. — Le développement de la cirrhose est lent, insidieux, et quand éclatent les premières manifestations qui décèlent la maladie confirmée, la lésion est depuis long-temps déjà constituée et irrémédiable.

Ce n'est pas que, pendant cette période plus ou moins longue, où le travail pathologique s'accomplit dans la trame conjonctive du foie, les désordres fonctionnels soient absolument nuls. Souvent déjà quelques indices s'accusent, quelques symptômes s'annoncent, qui, rapprochés de la notion du terrain diathésique imprégné par l'alcool, peuvent signaler l'organe atteint.

« On s'est ingénié, avec raison, dit M. Hanot dans un travail que nous avons précédemment cité, à étudier cette période indécise de la maladie, cette période de *pré-cirrhose,* d'*hépatisme* selon l'expression de M. Glénard. Je sais bien que cet auteur entend par là non pas exactement les manifestations commençantes de l'organe allant à la maladie définitive, mais surtout les conditions préalables d'origine et de nature diverses qui rendent plus efficaces les actions pathogéniques. Je rappellerai ici qu'à mon sens l'arthritisme est

un de ces principaux facteurs. Contrairement à
l'opinion de M. Glénard, je ne crois pas que l'arthritisme soit une conséquence de ce qu'il appelle
l'hépatisme : c'est au contraire un des éléments
qui engendrent cet état. Les autres dérivent des
erreurs de régime, de l'action des diverses
influences nerveuses, etc. Ici, comme je l'ai déjà
dit, l'analyse devient trop délicate, et je me con-
tente de répéter encore une fois que l'arthritisme
est la clef du processus de la cirrhose, et qu'il
convient mieux, pour le moment, d'appliquer ce
terme d'*hépatisme* à ces modifications du début
de l'affection où la maladie n'est pas encore confirmée, mais où il est possible d'entr'apercevoir
des signes avant-coureurs. »

En général, ce sont les *troubles digestifs* qui
ouvrent la scène. Les digestions deviennent mau-
vaises, l'appétit est diminué, parfois complètement aboli pour certains aliments, en particulier
pour les matières grasses et les viandes. Il y a
un état saburral de la langue, du pyrosis, des
nausées, des pituites matinales. Dans cet en-

semble d'accidents dont beaucoup relèvent de la gastrite alcoolique, il est difficile de faire la part exacte de ce qui revient au foie. Remarquons cependant que l'on a fréquemment observé le dégoût des aliments gras et de la viande chez les individus dont le foie est malade[1].

A côté de ces signes d'une signification peu précise, comme nous venons de le dire, il faut noter la *constipation* et le *météorisme*.

La constipation, habituellement opiniâtre, s'explique par les modifications de la bile qui ne joue plus son rôle d'agent évacuateur que d'une façon imparfaite. Le météorisme reconnaît aussi très vraisemblablement la même cause, si l'on admet avec M. Létienne que la bile s'oppose à la putréfaction des matières, non pas en tant que liquide antiseptique, mais précisément par son action évacuatrice.

---

1. M. Hayem a donné, de plus, les indications suivantes (Leçon de thérapeutique, 1895) : « Dans la cirrhose hypertrophique, dit-il, j'ai constaté de l'hyperpepsie avec fermentation le plus souvent acétique. Dans la forme atrophique, il existait de l'hyperpepsie ou de l'apepsie avec réaction lactique. »

Ces altérations de la sécrétion biliaire sont plus manifestes encore dans certains cas où, la bile étant sécrétée sans ses pigments ordinaires, il y a décoloration des fèces. Cette *acholie pigmentaire* a été vue par M. Hanot « chez des malades qui n'étaient encore qu'à la période de pré-cirrhose et chez qui le diagnostic d'affection hépatique, malaisé d'ailleurs, avait été fait surtout par la constatation de ce signe ».

Enfin ces troubles sécrétoires sont péremptoirement démontrés par l'existence pour ainsi dire constante de l'*urobiline* dans les urines. Celles-ci sont en outre rares, hautes en couleur, et laissent déposer des sédiments uratiques rosés. Leur teneur en urée est variable.

La production exagérée d'urobiline peut même donner à la peau une teinte jaunâtre distincte de la teinte ictérique ou subictérique, et qui, jointe à quelques dilatations des capillaires et des veinules de la face dessinant parfois sur les joues et les ailes du nez des plaques violacées, donne aux malades un aspect assez particulier. Signa-

8

lons aussi parfois une légère teinte bronzée.

A cette urobilinurie vient s'ajouter encore, comme autre preuve de l'état de souffrance du foie, la *glycosurie alimentaire*.

Souvent il y a, déjà à cette période, un prurit tenace, avec ou sans éruptions cutanées, sur lequel M. Hanot a attiré l'attention,

Dès ce moment aussi, on pourra observer des *épistaxis*, des *hémorragies gingivales*, du *purpura* et des *œdèmes localisés* autour des malléoles ou à la face, symptômes qui témoignent d'altérations profondes de la crase sanguine. Quant à l'œdème plus étendu qui envahit parfois de très bonne heure la totalité des deux membres inférieurs ou même la moitié sous-diaphragmatique du corps, et qui a été décrit d'abord par Mac Swiney, puis par Giovanni, et plus récemment par MM. Gilbert et Presle sous le nom d'*œdème préascitique des membres inférieurs*, il résulterait d'une gêne circulatoire plus ou moins marquée dans la veine cave inférieure, consécutivement aux lésions veineuses.

L'*état des veines* mérite d'ailleurs d'être recherché. Si les varices sont fréquentes chez les
malades en raison même de leur constitution
arthritique, il ne faut pas oublier que certaines
dilatations variqueuses, celles des *veines hémorroïdales* par exemple, peuvent être en même
temps la conséquence de la stase sanguine dans
la veine porte.

Ces mêmes troubles de la circulation porte
expliquent d'autre part les *crises de diarrhée*
abondante, qui alternent avec la constipation,
dont il a été fait mention plus haut.

Tels sont les symptômes initiaux, révélateurs,
que M. Hanot a décrits et groupés sous le nom de
petits signes de la cirrhose, par une analogie
ingénieuse avec ce que M. Dieulafoy a dit de la
symptomatologie du mal de Brigth. Nous les
résumons avec lui de la façon suivante :

« Troubles dyspeptiques; météorisme, constipation; urobilinurie, teinte urobilinurique du
tégument, quelquefois teinte bronzée; acholie
pigmentaire; glycosurie alimentaire; prurit,

épistaxis, hémorragies gingivales, hémorroïdes, œdèmes localisés; crises de diarrhée. »

Constaté isolément, chacun de ces signes n'a par lui-même aucune valeur déterminée : mais lorsqu'ils se trouvent réunis chez un malade, ils constituent, on ne saurait le nier, des éléments de forte présomption.

A cette époque de l'affection, la palpation et la percussion du foie peuvent ne dénoter aucune modification du volume de l'organe. Mais, généralement, on se trouve en face d'une triple éventualité.

Ou bien le foie est un peu gros, légèrement douloureux, il dépasse de deux ou trois travers de doigt le rebord des fausses côtes; il s'agit alors d'une de ces poussées congestives qui précèdent parfois le stade d'atrophie. Ou bien l'atrophie, qui peut aussi se réaliser d'emblée, existe déjà et la matité hépatique est plus ou moins diminuée.

A ces deux états opposés du foie correspondent des faits intéressants, au point de la vue de la teneur en urée des urines. Fréquemment en effet, au cours de ces poussées subaiguës du début, l'urée est abondante : dans une observation de ce genre, M. Chauffard l'a vue osciller pendant un mois entre 40 et 55 grammes. Parfois au contraire, quand le foie est rétracté, les urines contiennent peu d'urée, de 8 à 10 grammes en moyenne par 24 heures.

Dans une troisième catégorie de cas enfin, on constate nettement, dès cette période, une hypertrophie véritable du foie (cirrhose alcoolique hypertrophique), distincte de cette augmentation légère et transitoire du volume du foie, qui accompagne l'état congestif initial de la cirrhose à forme atrophique.

A la vérité cette question de l'hypertrophie préatrophique est d'une analyse très difficile et il y a là un point de doctrine encore litigieux. Mais on s'accorde assez généralement aujourd'hui, dans les livres classiques, à admettre que le gros foie scléreux et le petit foie atrophique ne représentent pas deux phases successives d'une

même évolution, aucune observation probante
n'ayant pu jusqu'à ce jour montrer « un foie, ini-
tialement hypertrophié sous l'influence de l'alcool, diminuer de volume et s'atrophier graduel-
lement jusqu'à la mort » (Hanot et Gilbert). Nous
aurons à revenir sur ce sujet.

Signalons enfin, pour en terminer avec la période de début, l'augmentation de volume de la
rate dont la matité mesure parfois 10 et 15 cen
timètres.

PÉRIODE ASCITIQUE.

La maladie confirmée est caractérisée par l'apparition de trois symptômes, qu'on pourrait
appeler les *symptômes cardinaux* de la cirrhose :
1° *l'ascite*; 2° *la dilatation des veines sous-cutanées abdominales*; 3° *les modifications de volume
du foie.*

Ascite. — L'accumulation du liquide ascitique
s'effectue d'ordinaire d'une façon lente et graduelle, sans donner lieu à aucun phénomène
douloureux : le malade s'en aperçoit uniquement

à l'étroitesse chaque jour plus marquée de ses vêtements. Le météorisme a du reste une grande part dans ce développement du ventre, et sou vent, ce n'est qu'en faisant coucher latéralement le malade, qu'il est possible de constater la présence du liquide dans les fosses iliaques.

D'autre fois, mais plus rarement, l'ascite se produit très rapidement et, en quelques jours, devient considérable : elle se développe alors parfois sous l'influence d'une cause occasionnelle, telle qu'un coup de froid abdominal, ayant déterminé une congestion réflexe soit de la séreuse péritonéale, soit du foie dont la circulation est en état d'équilibre instable.

L'épanchement peut atteindre des proportions énormes. Chez certains malades, qui ont été déjà ponctionnés et dont la paroi a été peu à peu distendue, on retire en une séance jusqu'à 15, 18, et 20 litres.

Dans ces circonstances, l'aspect du ventre est caractéristique avant la ponction.

Lorsque le malade est debout, l'hypogastre et

les fosses iliaques forment un relief très saillant. Dans la position couchée, les flancs s'élargissent et débordent latéralement, donnant au ventre une forme spéciale que M. Jaccoud a comparée, à juste titre, à celle du ventre d'un batracien. La cicatrice ombilicale, distendue par la sérosité qui a franchi l'anneau, forme parfois une petite tumeur conique, transparente comme une hydrocèle et facilement réductible.

A la palpation, on constate une tension à peu près égale dans tous les points. Lorsque la distension est excessive, l'abdomen est d'une remarquable dureté.

La percussion donne un son mat dans la zone déclive occupée par le liquide, c'est-à-dire au niveau de l'hypogastre et des flancs, tandis que les régions ombilicale et épigastrique sont le siège d'une sonorité tympanique, due à la présence des intestins qui surnagent. Si l'on déplace le malade, en le faisant coucher alternativement sur l'un et l'autre côté, le liquide, qui est libre dans la cavité péritonéale, et la masse intestinale obéissent aux lois de la pesanteur et conservent leurs positions relatives.

Au voisinage de la ligne de niveau qui sépare les deux zones, mate et sonore, on obtient souvent un son hydro-aérique.

La fluctuation est un signe important. Si le liquide est abondant, on doit rechercher la sensation de flot : une main appliquée à plat sur un des côtés du ventre perçoit la sensation d'un choc ou d'une ondulation, lorsqu'on frappe légèrement avec l'autre main sur le côté opposé.

Le liquide ascitique a été étudié, après ponction, au point de vue de ses caractères anatomiques et chimiques.

C'est un liquide transparent, jaune citrin, à réaction alcaline, dont la densité varie de 1010 à 1016. Au microscope, on n'y voit que quelques éléments figurés, leucocytes et cellules épithéliales. Souvent cet examen est complètement négatif.

Nous relevons dans le traité de · médecine (Chauffard) les détails suivants relatifs à sa composition chimique : « D'après les analyses de Frerichs, de Reuss, de Runeberg, de Halliburton, la teneur en matières solides est de 20 à 25 grammes par litre, en matières albuminoïdes de 10 à 20 grammes par litre. Celles-ci se partagent presque également en globuline et en sérine; dans un cas de Halliburton sur 9,55 d'albuminoïdes pour 100, il y avait 4,13 de globuline et 5,42 de sérine; dans un autre cas, pour 20,21 d'albuminoïdes, 11,14 de globuline et 9,07 de sérine. La teneur en fibrinogène est si faible qu'elle peut être négligée (F. Hoffmann). »

« Ajoutons que, dans ce liquide ascitique, on trouve souvent une faible quantité de sucre, d'urée, d'urobiline : parfois de l'allantoïne; des paillettes, visibles même à l'œil nu, de cholestérine, de la paralbumine et de la métalbumine, fait important à signaler puisqu'on a voulu faire de ces deux derniers corps une caractéristique du liquide des kystes de l'ovaire. En général, pour un cas donné, le liquide retiré par des ponctions successives demeure à peu près constant dans sa composition (Halliburton). »

Dernier détail intéressant : ce liquide ne se coagule pas spontanément ou du moins sa coagulation ne s'effectue que lentement, parfois au bout de plusieurs jours.

Ce sont là les caractères classiques du liquide ascitique, en dehors de toute complication.

Mais, dans certains cas, sa composition est toute différente. Il contient des éléments cellulaires, et il se coagule spontanément ; sa densité est plus élevée ; les matériaux solides, les substances albuminoïdes existent en plus grande abondance, particularités qui indiquent manifestement qu'aux facteurs ordinaires de l'épanchement abdominal s'est surajouté un processus phlegmasique péritonéal.

C'est qu'en effet la pathogénie de l'ascite est complexe. Nous avons déjà étudié, parmi ses causes habituelles, l'endophlébite oblitérante des veines sus-hépatiques d'une part, et d'autre part la phlébite et la périphlébite portes, qui modifient les conditions d'élasticité et de contractilité des parois veineuses contenues dans le tissu cirrhotique. Nous avons aussi signalé la thrombose possible de la veine porte avec pyléphlébite adhésive et les lésions de ses radicules originelles (Dieulafoy).

Nous voyons maintenant qu'à ces altérations, qui agissent en provoquant dans la circulation porte la gêne mécanique et l'hypertension sanguine, d'où dérive la transsudation des parties les plus fluides du sang, il faut adjoindre l'inflammation du péritoine (Potain, Rendu), laquelle intervient, pour une part plus ou moins grande, dans l'accumulation du liquide et influe sur sa composition, dans des limites qui varient vraisemblablement avec l'intensité du processus phlegmasique.

Le tableau comparatif suivant, que nous empruntons à M. Letulle, qui met en parallèle les résultats d'analyses publiées antérieurement par Frerichs et ceux d'une observation qu'il a minutieusement étudiée, montre bien que, dans la cirrhose, l'épanchement peut être constitué par un liquide *inflammatoire* au vrai sens du mot. »

Analyse de l'ascite (pour 1000).

MALADIES	MATÉRIAUX SOLIDES	MATÉRIAUX ALBUMINOÏDES	SELS MINÉRAUX	FIBRINE
Cardiopathie . .	17,60	11,80	7 à 9	0,10 à 0,15
Cirrhose	20,40 à 24,80	10,10 à 13,40	Méhu	Méhu.
Péritonite chronique simple.	55	38,6	?	?
Cirrhose compliquée de péritonite légère.	33 à 35	42	?	

Cas de M. Letulle.

	MATÉRIAUX SOLIDES	MATÉRIAUX ALBUMINOÏDES	SELS MINÉRAUX	FIBRINE
Cirrhoses : poussée péritonéale aiguë (ascite durable). .	51	60	5,25	0,25

(D'après Frerichs.)

L'irritation sécrétoire de la séreuse semble du reste cliniquement démontrée dans bien des faits où, en l'absence d'une tympanite excessive qui peut par elle-même être douloureuse, l'on constate une sensibilité manifeste de l'hypocondre droit (périhépatite) ou de la totalité de l'abdomen. Elle est aussi souvent la seule explication possible de ces ascites qui se développent brusquement, parfois pour disparaître avec la même rapidité.

En dehors de ces circonstances, où l'ascite semble bien symptomatique d'une poussée péri-

tonitique, le rôle prépondérant revient avant
tout, croyons-nous, à l'obstruction vasculaire,
car fréquemment on ne relève à l'autopsie que
des altérations péritonéales peu intenses, sauf
dans les cas anciens et surtout dans ceux où l'on
a pratiqué plusieurs ponctions.

Cette manière de voir trouve d'ailleurs sa con-
firmation dans la coexistence, avec l'ascite, d'un
signe en quelque sorte *complémentaire*, le développement d'une *circulation collatérale* par les
veines sous-cutanées abdominales.

*Dilatation des veines sous-cutanées abdomi-
nales.* — Ce signe peut se montrer avant que
l'ascite soit très prononcée, lorsqu'il existe surtout de la pneumatose intestinale. Il est donc
d'une grande valeur.

On voit se dessiner sur la paroi abdominale,
principalement dans la partie latérale droite, un
réseau veineux composé de quatre ou cinq gros
troncs parallèles, unis par des anastomoses trans-
versales plus petites et descendant verticalement de l'appendice xiphoïde vers le pubis, où

ils diminuent de calibre. Ces veines peuvent ac-
quérir le volume d'une plume d'oie et même
davantage. Dans certains cas, leurs sinuosités en-
trelacées forment une véritable tête de Méduse.
La main appliquée sur l'abdomen perçoit parfois
à leur niveau un frémissement (Sappey) : le sté-
thoscope peut aussi permettre d'y entendre un
bruit de souffle continu (Trousseau).

Quand on déprime avec le doigt la paroi veineuse, en refoulant alternativement le sang en
haut et en bas, on remarque que la circulation
se fait, tantôt et le plus souvent de haut en bas,
tantôt en sens inverse : parfois, elle se rétablit
presque instantanément dans l'une ou l'autre
direction, chez le même malade. La tension intra-
veineuse est donc élevée, et les communications
sont nombreuses et largement établies avec les
veines profondes.

Cela nous amène à parler de la façon dont
s'effectue cette circulation complémentaire. Si
l'on veut bien se rappeler que, des cinq groupes
de veines portes accessoires décrites par M. Sap-

pey, il en est deux (le quatrième et le cinquième) qui relient les vaisseaux portes aux veines diaphragmatiques, épigastriques, mammaires internes et sous-cutanées abdominales, il devient très facile de comprendre comment le sang porte, ne trouvant plus un libre passage dans le foie sclérosé, reflue par ces veines accessoires dans les canaux veineux que nous venons de mentionner et va, par leur intermédiaire, se déverser en haut dans les veines mammaires et intercostales, en bas dans la veine iliaque et la saphène. Tel est le mécanisme du développement du réseau veineux superficiel de l'abdomen.

D'autres voies de dérivation forment aussi un trait d'union entre la circulation générale et le système porte. C'est, d'une part, le système de Retzius, qui est constitué par une série d'anastomoses entre les veinules des parois intestinales et la veine cave : ce sont, d'autre part, les anastomoses, en haut, de la coronaire stomacale gauche avec les veines œsophagiennes et diaphragmatiques, en bas, des hémorroïdales supérieures avec l'hypogastrique.

Etat du foie. — L'exploration du foie ne donne souvent des résultats très nets qu'après la ponction, lorsque le ventre est devenu facilement dépressible.

Ici l'on retrouve l'un ou l'autre des deux états de l'organe que nous avons déjà décrits anatomiquement et au début de notre exposé clinique.

Tantôt le foie est petit ; les limites de sa matité, le long des lignes axillaire et mamelonnaire, sont moindres qu'à l'état normal : il s'agit d'une cirrhose à forme atrophique.

Tantôt au contraire l'organe est volumineux, il déborde les fausses côtes et sa zone de matité mesure verticalement 12, 15 centimètres. Sa face convexe, accessible dans une étendue plus ou moins grande, est dure, rénitente, et l'on peut sentir son bord inférieur mousse, et parfois irrégulier : la cirrhose est ici à forme hypertrophique.

Ce sont là les types extrêmes, mais ainsi que

nous l'avons dit, il existe une série de cas intermédiaires, qui relient ces deux formes l'une
à l'autre. Rappelons toutefois qu'il y a là deux
groupes de faits distincts, et que la sclérose à
forme atrophique ne représente pas le stade terminal de l'évolution d'une cirrhose primitivement
hypertrophique. « Lorsque, disent MM. Hanot et
Gilbert, chez des alcooliques accusés de cirrhose,
nous avons trouvé le foie plus volumineux qu'à
l'état normal, nous avons toujours assisté à l'une
des évolutions suivantes : ou bien l'organe se
rétractait peu à peu, sans toutefois rétrocéder
jamais en deçà de ses limites physiologiques, ou
bien il conservait ses dimensions exagérées, soit
en permettant la survie, soit en occasionnant
par les lésions dont il était le siège quelque accident mortel. »

La tuméfaction de la rate n'est pas un phénomène constant : mais elle constitue un signe important dans certains cas douteux. L'hypertrophie
splénique peut être énorme. Dans un fait de Fou-

cault, on trouva à l'autopsie une rate qui pesait 930 grammes. Dans un cas de M. Bouchard, la matité de l'organe mesurait 26 centimètres sur 13, et l'on pouvait entendre un souffle à son niveau. Le souffle splénique, généralement doux et systolique, ressemblerait au souffle utérin par son timbre et son intensité (Leudet).

La rate peut être au contraire petite, atrophiée. Quelquefois elle est sensible à la pression, lorsqu'il y a de la périsplénite de voisinage.

Les urines ont des caractères bien particuliers. Elles sont peu abondantes et dépassent rarement un litre; elles oscillent le plus souvent entre 500 et 900 grammes dans les 24 heures. Elles sont en outre très acides, d'une densité élevée, brunes ou d'un rouge orangé, et elles laissent déposer une couche épaisse de sédiments uratiques colorés en rouge.

Les résultats de l'examen chimique sont très intéressants. Ces urines peuvent contenir de l'albumine, mais en faible quantité. Elles sont riches

en acide urique et chargées d'urobiline et parfois
de pigment rouge brun. L'excrétion de l'urée peut
descendre à 8 ou 10 grammes (Brouardel) et
même tomber à 3 et 4 grammes. Fréquemment
on a constaté de la peptonurie. Rappelons aussi
qu'il y a glycosurie alimentaire.

« Les recherches récentes de Favitzky, portant
sur six cas, ont montré, ajoute M. Chauffard, qu'en
somme les échanges azotés, exprimés en pourcen-
tage chez le cirrhotique, se rapprochent beaucoup des chiffres obtenus chez l'homme sain soumis à l'alimentation mixte. L'assimilation de la
soude alimentaire reste inaltérée, et 84 à 94 pour
100 de l'azote alimentaire ingéré est absorbé. Le
chiffre quotidien de l'urée pourrait varier dans
des limites très étendues, de 14 à 15 grammes,
de 25 à 30 en moyenne; de même pour l'acide
urique, qui oscille entre un maximum de 2 grammes et un minimum de 0,50 par jour. L'azote
total des matières extractives allait de 1 gr. 3 à
1 fr. 5 par jour, s'élevant rarement jusqu'à 3
grammes. Quant à l'AzH^3 urinaire, il était tou-

jours augmenté aussi bien d'une façon relative qu'absolue, fait déjà noté par Hallervorden. »

Au point de vue clinique, la quantité des urines émises dans les 24 heures est un élément d'appréciation important. Souvent en effet, quand, au cours de la cirrhose, la sécrétion urinaire diminue et s'abaisse au-dessous de 500 ou de 400 grammes, on voit apparaître des phénomènes d'intoxication plus ou moins durables, tels que vomissements, diarrhée, mal de tête, subdélire, etc., l'insuffisance urinaire venant s'ajouter à l'insuffisance hépatique.

Quand la maladie est arrivée à cette phase, où l'on observe tous les symptômes précédents, l'état général ne tarde pas à s'aggraver et l'affaiblissement s'accentue de plus en plus. Le teint terreux du malade, l'amaigrissement de la face et des masses musculaires des membres font un contraste remarquable avec le développement considérable du ventre. Enfin apparaissent des œdèmes à la fois mécaniques et cachec-

tiques, qui envahissent les membres inférieurs,
déjà souvent infiltrés à un certain degré, puis le
scrotum et la paroi abdominale.

Les autres organes sont aussi le siège d'altérations et de troubles fonctionnels variés, qui con-
tribuent singulièrement à augmenter la gène
des malades et à accélérer l'évolution des accidents.

Les poumons se congestionnent à leurs bases,
et il en résulte de la toux et une oppression plus
ou moins vive. La dyspnée peut être du reste cau-
sée aussi par un épanchement pleural de l'un ou
l'autre côté. La pleurésie droite est cependant
plus fréquente; car l'inflammation pleurale, sous
forme soit de fausses membranes, soit d'épanchement séreux ou même hémorragique, est la
conséquence habituelle de la propagation de la
périhépatite.

Enfin les troubles digestifs s'aggravent de plus
en plus. Il y a de l'anorexie; des diarrhées sur-
viennent avec des garde-robes grisâtres, décolo-
rées et fétides. La langue se sèche et l'on peut

observer du muguet, épiphénomène du plus
fâcheux augure.

La rareté de l'ictère dans ce cortège symptomatique est un fait digne de remarque. La peau
offre assez souvent une teinte légèrement jaunâtre, mais non franchement ictérique, et tenant
plutôt de la teinte de l'ictère dit hémaphéique.

Mais l'ictère, s'il est exceptionnel, peut cependant se montrer et n'est pas contestable. Pour
M. Rendu, il existerait même dans le cinquième
des cas. Il s'agit vraisemblablement alors d'une
complication d'angiocholite. On a invoqué aussi,
comme condition pathogénique, la possibilité
d'une compression des grosses voies biliaires par
une adénite sous-hépatique.

CHAPITRE VI

MARCHE ET COMPLICATIONS

La marche des cirrhoses alcooliques, réduites à elles-mêmes, est essentiellement chronique. L'anorexie, les progrès continus de l'ascite et des œdèmes, le retentissement secondaire de l'affection sur le cœur, les poumons et les reins, les pertes considérables que font subir à l'organisme les ponctions à des intervalles de plus en plus rapprochés, sont autant de causes qui concourent à affaiblir le malade et ne tardent pas à le conduire à la cachexie terminale avec ou sans les symptômes de l'insuffisance hépatique (céphalée, myosis, subdélire, convulsions, hypothermie, coma).

Mais d'autres fois cette évolution lente et graduelle se trouve accélérée par quelque incident ou close brusquement par une complication mortelle.

Si l'on excepte les hémorragies qui sont, pour ainsi dire, presque toujours des conséquences d'ordre mécanique de la maladie hépatique, ces épisodes relèvent presque tous de processus infectieux, et l'on comprend toute leur gravité, le foie ne pouvant plus, en raison de ses altérations et de son amoindrissement fonctionnel, remplir que d'une façon imparfaite son rôle d'agent protecteur.

C'est ainsi que la mort peut survenir par pneumonie ou broncho-pneumonie, endocardite infectieuse, érysipèle, cholécystite suppurée, phlébite, néphrite, accidents cholériformes (Hanot), péritonite suppurée, péritonite tuberculeuse.

Mais souvent l'infection se localise primitivement sur le foie, que l'agent microbien soit arrivé jusqu'à la cellule hépatique par la voie sanguine ou qu'il y ait infection biliaire surajoutée; et l'on assiste alors au tableau clinique de l'ictère grave secondaire, dernier terme en quelque sorte naturel de toutes les affections chroniques du foie. Le malade tombe dans un état typhoïde et adynamique, il a du délire, quelques convulsions, une réaction fébrile variable, parfois même de l'hypothermie (Hanot), et le coma termine la scène.

En dehors de ces infections intercurrentes, il nous reste à étudier un groupe de complications très important : les hémorragies.

Rappelons tout d'abord les épistaxis, les stomatorragies avec état fongueux des gencives, les taches ecchymotiques cutanées, que nous avons déjà mentionnées comme des symptômes d'avant-garde de la cirrhose, mais qui peuvent apparaître aussi pendant toute la durée de la maladie.

Ces manifestations, qui d'ailleurs n'offrent en général par elles-mêmes aucune gravité immédiate, doivent être sous la dépendance de modifications de la crase sanguine et sans doute aussi de lésions vasculaires directement provoquées par l'alcool.

Les mêmes considérations s'appliquent aux hémoptysies, aux hémorragies méningées (Gubler), aux ecchymoses péritonéales avec ascite sanglante et aux hématomes péritonéaux (Déjerine), accidents qui sont rapportés dans quelques observations.

Mais de toutes les complications hémorragiques, celles qui ont pour point de départ la muqueuse gastro-intestinale[1], sous forme d'hématémèse ou de mélæna, occupent sans contredit le premier plan comme fréquence, comme gravité, et comme intérêt, au point de vue de l'interprétation pathogénique qu'elles soulèvent.

Les écoulements sanguins d'origine gastro-intestinale peuvent survenir à toutes les périodes de la cirrhose. Parfois, c'est avant tout symptôme nettement cirrhotique ou même au cours d'une bonne santé apparente, que le sujet est pris d'hématémèse profuse et de mélæna qui amènent rapidement la mort. Le plus souvent, on diagnostique un ulcère de l'estomac, et, à l'autopsie, on constate une cirrhose hépatique au début, sans lésion gastrique pouvant expliquer l'hémorragie.

---

1. Voir EHRARDT. Th. Paris, 1891. Des hémorragies gastro-intestinales profuses dans la cirrhose et dans diverses maladies du foie.

Habituellement, il faut bien dire, ces hémorragies n'ont pas une conséquence aussi funeste;
Elles sont beaucoup moins abondantes; elles se
répètent à des intervalles plus ou moins rapprochés, puis elles cessent et leur cause ne se
trouve révélée qu'ultérieurement, lorsque l'ascite s'est montrée avec les autres signes cirrhotiques.

Klemperer a même rapporté trois faits de cirrhose confirmée dans lesquels, après les vomissements de sang, l'ascite disparut et l'état général
se releva notablement.

La question du mécanisme de ces hémorragies
a été très discutée.

Évidemment ici la théorie humorale est insuf-
fisante pour expliquer les hémorragies considérables dont la source est exclusivement limitée à
la muqueuse gastro-intestinale, et, s'il y a une
cause générale, celle-ci ne crée qu'une simple
prédisposition : force est bien d'admettre une
cause déterminante locale.

Le fait du siège de ces hémorragies dans le

domaine de la veine porte a conduit tout naturel-
lement à les considérer comme le résultat d'une
stase mécanique et, depuis Gubler jusqu'à ces dernières années, on les rattachait d'une façon
presque exclusive à la rupture des varices œsophagiennes.

Certes on a pu voir, dans quelques autopsies,
des ulcérations de ces veines ectasiées, et, dans
ce cas, le mécanisme de l'hémorragie ne semble
devoir faire l'objet d'aucun doute.

Mais bien souvent on ne trouve pas de varices
œsophagiennes, ou, si elles existent, elles ne sont
rompues en aucun point. Il faut donc chercher
une autre explication à ces faits.

MM. Debove et Courtois-Suffit, qui, sur 14 cas
qu'ils ont réunis et analysés à ce point de vue,
n'ont vu d'ulcérations veineuses que trois fois,
admettent que la cause peut être une vaso-dilata-
tion subite et considérable de tout le système porte,
lequel est physiologiquement l'appareil régulateur
de la pression artérielle, chargé de remédier aux
variations de la masse sanguine, grâce à la faculté

qu'il possède, en se distendant, de loger de grandes quantités de sang. A l'état normal, cette congestion n'est suivie d'aucun accident, parce que les voies d'écoulement sont libres et que le foie peut se tuméfier, mais lorsque celui-ci est altéré et dépourvu de toute extensibilité, la congestion veineuse, devenue trop intense, peut aboutir à des ruptures de vaisseaux plus ou moins volumineux.

Dans le déterminisme de la localisation de cette rupture, un autre facteur intervient encore : l'altération préalable des parois vasculaires. Cette influence n'est peut-être pas indispensable à la production de ces hémorragies capillaires de la muqueuse qui, dans les congestions brusques, donnent lieu à une exhalation sanguine en nappe, souvent fort abondante, ne laissant aucune lésion bien nettement visible à l'autopsie. Mais elle est la cause réelle des ruptures de vaisseaux plus importants, du tronc de la veine porte dans quelques cas, voire même des veines œsophagiennes; car M. Letulle a montré que, dans l'alcoolisme chronique, et en dehors de toute sclérose hépatique, les veines gastro-œsophagiennes s'enflammaient chroniquement par suite de l'action directe du toxique en circulation dans le sang.

———————

CHAPITRE VII

DURÉE — FORMES

Les complications, sous le coup desquelles se trouvent constamment les malades, rendent très variable déjà, on le conçoit, la durée des cirrhoses alcooliques. Mais indépendamment de ces éléments morbides surajoutés, le processus cirrhotique, réduit à lui-même, ne présente pas une évolution uniforme et constante.

Longtemps on a cru que, du jour où l'on constatait une ascite symptomatique d'une cirrhose du foie, la maladie était arrivée à une phase qui ne rétrogradait plus, et que les accidents poursuivaient leur cours avec une implacable régularité. Les idées se sont singulièrement modifiées sur ce point depuis quelques années.

Déjà, en 1852, Monneret avait relaté le cas d'un malade qui guérit « contre toute attente » d'une cirrhose « après avoir rendu par l'urine et les selles des quantités énormes de sérosité ». Le diagnostic fut vérifié à l'autopsie, car le malade succomba peu après d'une pneumonie double pour laquelle il était revenu à l'hôpital.

D'autres faits ont été mentionnés aussi ultérieurement, mais ce sont surtout les nombreuses observations publiées dans ces dernières années et en particulier les communications faites à la Société médicale des hôpitaux de 1886 à 1889, qui ont apporté les matériaux les plus instructifs et les plus probants sur la question de la curabilité de la cirrhose alcoolique.

Les exemples abondent, dans lesquels la guérison s'est produite dans des conditions inespérées. M. Rendu cite le fait d'un homme chez qui cette terminaison heureuse eut lieu après 14 ponctions, dont chacune donna issue à 10 litres de liquide. Un malade de M. Troisier, que l'on avait ponctionné 18 fois et à qui l'on avait retiré 165 litres de liquide en 9 mois, vit, à un moment donné, son ascite diminuer, puis se résorber complètement à la suite d'une grande diurèse, en même temps que l'état général s'améliorait progressivement.

Il est inutile, croyons-nous, de multiplier ces citations.

Le contrôle anatomique, qui a pu être pratiqué dans quelques faits, où l'on avait assisté ainsi à la disparition de tous les signes de la cirrhose et surtout de l'ascite, a confirmé le diagnostic antérieurement posé. Mais il a établi, du même coup, que la guérison n'était qu'apparente. Ce qui est guéri, ce n'est pas la *lésion*, c'est le *syndrome cirrhotique*. « Le cirrhotique dont l'ascite a disparu, dit M. Gilbert[1], n'est pas plus guéri que le cardiaque dont l'asystolie a été conjurée. » Ce cirrhotique soi-disant guéri se trouve dans la situation des malades qui succombent à une affection quelconque et chez qui l'on découvre une *cirrhose latente*. Il ne s'agit donc ici que de

---

1. GILBERT. Curabilité et traitement des cirrhoses alcooliques. *Gazette hebdomad.*, 1890.

« l'établissement d'un *modus vivendi* assez pré-
caire » ; car on a pu voir les accidents apparaître
à nouveau, parfois suivis encore d'une amélioration temporaire.

Cette guérison symptomatique est le fait, dans
les cas où l'ascite ne relève pas d'un processus
péritonéique, de la perméabilité devenue plus
grande, sous une influence encore mal connue,
des voies circulatoires intra-hépatiques : elle s'accompagne en effet de l'affaissement des veines
sous-cutanées abdominales et des varices hémorroïdales. Parallèlement les urines sont plus abondantes, les fonctions digestives s'accomplissent
mieux, et les forces reviennent avec l'embonpoint.
M. Millard a noté, dans un cas, la rétraction de la
rate. Dans une observation de M. Chauffard, au
contraire, la rate a présenté, longtemps encore
après disparition de l'ascite, une hypertrophie
persistante avec souffle très net.

Il y a des faits incontestables, dûment vérifiés
par la nécropsie, où la *cirrhose à forme atrophique* a pu présenter des rémissions de ce genre

mais ce sont là des exceptions avec lesquelles il
n'y a guère à compter. Ainsi qu'il ressort de la
majeure partie des observations et des recherchès
particulières de MM. Hanot et Gilbert, le plus
grand nombre des cirrhoses *guéries* se rappor-
tent à la *forme hypertrophique*. « Dans un certain
nombre de cas, disent ces auteurs, — et il en
était ainsi dans la plupart de ceux qui ont été
relevés par M. Lancereaux, — la rétrocession des
troubles subordonnés à la cirrhose s'effectue
parallèlement à la rétraction du foie qui reprend
des dimensions presque normales. Le plus souvent, toutefois, la rétraction est fort incomplète
ou même à peu près nulle, et le foie demeure
définitivement hypertrophié. »

La durée des cirrhoses alcooliques est donc, on
le comprend d'après les données précédentes,
extrêmement variable. D'une part en effet, nous
avons vu la série des complications qui peuven
venir accélérer la marche de la maladie ; nous
savons de plus maintenant que le processus
cirrhotique offre par lui-même, et en dehors de

toute influence hétérogène, des dissemblances
d'évolution souvent considérables, qu'il peut
même s'enrayer temporairement. sinon rétrocéder, du moins au point de vue de ses effets
symptomatiques.

Il n'est pas impossible cependant de classer les
faits et de décrire un certain nombre de formes de
la cirrhose alcoolique, formes dont les caractères
sont tirés à la fois des particularités anatomiques
et de la durée même de l'évolution morbide.
Ces formes comprennent : 1° la *cirrhose atrophique commune; 2°* la *cirrhose alcoolique hypertrophique ; 3°* la *cirrhose à marche aiguë.*

1° La *cirrhose atrophique commune* parcourt
ordinairement toutes ses phases en un an, quinze
mois ou deux ans. Elle se termine par la mort
dans le marasme avec ou sans les symptômes de
l'insuffisance hépatique et de l'ictère grave secondaire. Une complication, telle que pneumonie, tuberculose, hémorragie gastro-intestinale, peut en
abréger le cours.

2° La *cirrhose alcoolique hypertrophique* laisse,

sauf complication, une survie beaucoup plus longue. C'est à cette forme surtout, nous le répétons, que ressortissent les cirrhoses dites *guéries*, c'est-à-dire les cirrhoses avec rémissions, d'ailleurs parfois fort longues. Une malade de M. Troisier qui, depuis 6 ou 7 ans, était atteinte de cirrhose avérée, eut une première rémission de 4 ans, puis, après une reprise des accidents, une nouvelle guérison apparente.

3° Les *cirrhoses à marche aiguë* ont une allure bien spéciale. Leur évolution varie entre deux et six mois de durée et s'accompagne d'un processus fébrile subaigu. Il y a des douleurs plus ou moins vives au niveau de l'hypocondre droit. L'ascite et les œdèmes précoces, la teinte subictérique, les suffusions hémorragiques témoignent de la rapidité et de l'étendue de la dégénération parenchymateuse. Ici la cellule hépatique a été profondément atteinte d'une façon prématurée et, le processus se rapproche, sans en présenter cependant l'intensité, de ce que l'on observe dans l'ictère grave proprement dit.

Mais, on ne saurait trop le répéter, il serait
téméraire de prétendre, à l'aide de cette division.
classer chaque cas donné sans appel. Une cirrhose
à évolution chronique peut, sous l'influence d'une
infection intercurrente, devenir une cirrhose
à marche aiguë, et d'autre part, si jusqu'ici
aucune observation probante ne permet, à notre
connaissance, d'affirmer que la forme atrophique peut succéder à la forme hypertrophique, le
fait en lui-même n'a rien d'inacceptable *a priori* ;
et l'interprétation qu'il suggère serait même un
corollaire assez naturel de l'explication primitivement donnée par MM. Hanot et Gilbert, relativement à l'hypertrophie hépatique dans la cirrhose
alcoolique. Puisque en effet, d'après ces auteurs,
l'augmentation de volume du foie résulte surtout
(abstraction faite des phénomènes d'hyperplasie
dont il a été question et qu'on retrouve, du reste,
dans toute cirrhose) de l'hypertrophie des travées
hépatiques et de l'épaisseur des anneaux fibreux
creusés de nombreuses angiectasies capillaires, il
est difficile de ne pas admettre que les dimensions

de l'organe puissent être, à un moment donné, diminuées dans des proportions considérables, voire même réduites à l'état [atrophique, lorsque, les cellules hépatiques subissant des altérations plus ou moins profondes et les dilatations lacunaires s'étant vidées et affaissées, rien ne s'oppose plus à la rétractilité du tissu inodulaire interstitiel.

CHAPITRE VIII

PRONOSTIC

Il serait superflu d'insister, après ce qui vient d'être dit, sur le pronostic des cirrhoses alcooliques. Certes ce pronostic est absolument grave, puisque la glande hépatique est le siège d'une modification de structure irrémédiable; mais il se trouve singulièrement mitigé par le fait des rémissions plus ou moins longues, qui peuvent laisser la lésion stationnaire pendant des années et permettre une survie compatible avec un état de santé relativement très satisfaisant.

La question pronostique consiste donc, en dernière analyse, à prévoir, dans la mesure du possible, la forme évolutive probable de la maladie. On peut la résumer en quelques mots.

Tantôt en effet on assiste au tableau non douteux d'un processus à marche aiguë. L'apparition
et l'aggravation rapide de tous les signes de la
cirrhose, le subictère, l'état fébrile, les hémorragies attestent une désorganisation hâtive du tissu
hépatique : il s'agit d'une *cirrhose à marche
aiguë* et l'issue finale doit avoir lieu à brève
échéance.

Tantôt, au contraire, la cirrhose est manifestement chronique : c'est d'une façon progressive
que le syndrome cirrhotique s'est constitué, et il
n'y a pas de cause de mort prochaine, ou, s'il en
existe quelqu'une, elle relève d'un incident non
fatalement mortel, de l'abondance de l'ascite, par
exemple, ou d'une pleurésie, qui gênent mécani-
quement le fonctionnement des autres organes, et
une ponction faite à temps conjurera le danger.
Ici l'évolution morbide s'accomplit insensible-
ment et à petits coups : le délai est plus long.

Mais quelle doit être la durée de ce délai? C'est
là qu'est l'intérêt du pronostic.

Nous avons vu que la durée des formes chroniques oscillait entre 1 an, 18 mois et un nombre d'années que nous n'avons pu fixer, puisque, dans quelques cas, les rémissions ont donné le change et fait croire à de véritables guérisons.

· Y a-t-il donc quelques signes dont la constatation apporte, à défaut de certitude absolue, quelques présomptions plus ou moins grandes relativement à la durée vraisemblable de la maladie ?

Certaines circonstances, a-t-on dit, doivent être considérées comme des signes favorables. Ainsi l'indolence du ventre, le développement peu sensible de l'ascite, la conservation de l'appétit et des forces, l'absence d'hémorragies, l'intégrité relative des fonctions urinaires pourront donner l'espoir d'une évolution assez lente.

Par contre, les conditions inverses, intensité des phénomènes gastro-intestinaux, abondance précoce de l'ascite, etc., etc., sont d'un fâcheux présage et assombrissent le pronostic (Rendu).

. Sans aucun doute ces éléments doivent entrer en ligne de compte ; mais, quelque soin que l'on mette à les analyser et à en discuter la portée, les prévisions les plus légitimes en apparence se trouveront bien souvent en défaut, car une cirrhose commune, à marche chronique, peut, sous l'influence d'une cause occasionnelle inattendue, toxique ou infectieuse, prendre brusquement l'allure d'une cirrhose à marche aiguë.

Un fait demeure toutefois, sur lequel nous avons longuement insisté, et dont le pronostic pourra tirer des indications d'une réelle valeur, c'est que les *cirrhoses alcooliques à forme hypertrophique* sont très souvent « curables », puisque, d'après MM. Hanot et Gilbert, « les deux tiers des exemples qui ont été fournis, d'amélioration ou de *guérison* de la cirrhose, se rattachent, à y regarder de près, à cette modalité pathologique. »

Le travail intéressant de Surmont [1] corrobore admirablement ces vues, s'il est vrai, comme ses recherches semblent bien l'avoir établi, que le pronostic des affections hépatiques est plus grave toutes les fois que les urines sont hypertoxiques, non d'une façon passagère, critique, mais d'une

1. Surmont. Soc. de biologie, 16 janvier 1892.

façon permanente. La toxicité des urines est en effet augmentée dans la cirrhose à forme atrophique, tandis qu'elle est diminuée dans la forme hypertrophique.

CHAPITRE IX

DIAGNOSTIC

Le diagnostic des cirrhoses alcooliques offre souvent de grandes difficultés.

Nous ne faisons que rappeler ici les faits de *cirrhoses latentes* ou *frustes*, qui ne donnent lieu à aucune symptomatologie appréciable ou sont masquées par une complication intercurrente, telle qu'une pleurésie, par exemple, et nous n'envisagerons que les cas les plus communs.

Au début, il est pour ainsi dire impossible d'affirmer l'existence d'une cirrhose, car l'état congestif initial, observé dans les cas qui ne doivent pas aboutir d'une façon fatale au développement de l'hépatite interstitielle, peut prêter à confusion. Cependant la constatation de la

totalité ou de la majeure partie des *petits signes
de la cirrhose* (Hanot), chez un sujet dont le foie
et la rate présentent des modifications de volume,
établit les présomptions les plus fortes en faveur
d'une sclérose hépatique.

A la période d'état, lorsque l'ascite est survenue et qu'il existe, en même temps qu'un réseau
veineux sous-cutané abdominal très développé,
de la splénomégalie et de l'atrophie ou de l'hypertrophie du foie, il semble que l'on soit en
possession de moyens de diagnostic absolument
démonstratifs.

En réalité, une prudente réserve s'impose
quelquefois encore, surtout lorsque l'exploration
méthodique du foie et de la rate ne peut donner
de renseignements très précis, à cause de l'abondance du liquide et de l'intensité du météorisme;
et l'on se trouve ainsi conduit à examiner différentes hypothèses et à passer en revue la plupart
des affections qui sont susceptibles de provoquer
un épanchement ascitique.

Le diagnostic avec la variété ascitique de la

péritonite tuberculeuse, doit être discuté en première ligne.

L'auscultation de la poitrine, en révélant l'existence de lésions pulmonaires, pourra lever toute hésitation. Il faudra tenir compte toutefois des faits où une tuberculose pulmonaire secondaire éclate au cours d'une cirrhose. L'âge relatif des lésions pulmonaires et hépatiques, le mode d'évolution de la maladie, les symptômes concomitants seront ici d'un précieux secours pour trancher la question.

Mais on sait qu'il est des cas où la péritonite tuberculeuse existe à l'état isolé, les organes thoraciques restant absolument indemnes. Les symptômes abdominaux permettent-ils donc à eux seuls, sans parler de la fièvre, des sueurs nocturnes, des vomissements qui accompagnent d'ordinaire l'évolution de la péritonite tuberculeuse, d'établir le diagnostic différentiel? Dans la tuberculose péritonéale en général, la sensibilité du ventre réveillée par la palpation est plus vive; le réseau des veines sous-cutanées abdominales est beaucoup moins accentué, il est plus diffus, moins limité à la région de l'épigastre, de l'hypocondre et du flanc droit. M. Lancereaux a insisté sur le siège de ce réseau, qui serait sous-ombilical dans la péritonite et sus-ombilical dans la cirrhose. Enfin l'épanchement ascitique est plutôt moins considérable dans la péritonite; il est aussi moins mobile, moins facile à déplacer, à cause des adhérences qui relient fréquemment les anses intestinales entre elles.

L'analyse symptomatique comparative peut ne susciter que de grandes incertitudes, dans les cas où une péritonite tuberculeuse vient compliquer une cirrhose alcoolique. On se souviendra que, dans ces circonstances, c'est peu à peu que l'apparition et l'aggravation des signes nouveaux modifient le tableau clinique préexistant. L'indolence abdominale de la cirrhose disparaît, il y a des douleurs spontanées profondes, des coliques, la température locale s'élève, la paroi du ventre perd sa souplesse et prend un aspect lisse, presque miroitant : l'ascite devient moins mobile.

Si l'on fait une ponction, la palpation permet de sentir un empâtement, une résistance spéciale au niveau de la masse intestinale, parfois même des masses dures et bosselées, formées par des épaississements pseudo-membraneux et des productions tuberculeuses.

Ces faits, où il y a coexistence de cirrhose et de péritonite tuberculeuse, doivent du reste être aujourd'hui examinés de très près; car les notions nouvelles que nous possédons au sujet des cirrhoses suggèrent des interprétations variables suivant les cas.

Il est hors de doute que la tuberculose péritonéale est susceptible de se greffer sur la cirrhose d'origine alcoolique; les observations relatées par MM. Lancereaux, Rendu, Tapret, Delpeuch, l'ont péremptoirement établi, et l'on comprendra en effet que, suivant l'opinion de Delpeuch, l'alcoolisme étant une cause d'appel à la fois pour la péritonite chronique simple et pour l'infection abcillaire, le cirrhotique éthylique se trouve dans des conditions de réceptivité éminemment

favorables à la tuberculisation péritonéale.
Moroux, Wagner ont d'ailleurs rapporté depuis
d'autres faits confirmatifs, et ce dernier auteur a
de plus adopté, pour les expliquer, la théorie ingénieuse de Weigert, d'après laquelle la stase veineuse résultant de l'existence de la cirrhose, faci-
literait le passage dans le péritoine des bacilles
puisés par la veine porte dans la cavité de l'intestin.

Mais, dans certains cas où il y a péritonite tuberculeuse et cirrhose, les relations qui unissent les
deux lésions doivent être envisagées autrement.
M. Hanot et son élève Lauth ont en effet montré
que le processus cirrhotique, isolé ou associé à la
péritonite tuberculeuse, pouvait reconnaître pour
cause l'infection bacillaire, au même titre que la
lésion péritonéale, et il y a là parfois une nouvelle source de difficultés pour le diagnostic.

Le clinicien pourra donc être singulièrement
embarrassé, lorsqu'il se trouvera en présence
d'alcooliques tuberculeux, car si, en l'absence
d'habitudes alcooliques avérées, la notion chez

un malade d'une tuberculose antérieure à l'évolution cirrhotique légitime la pensée d'une cirrhose tuberculeuse, il faut au contraire se demander, lorsqu'il y a des antécédents éthyliques, si la lésion hépatique n'est pas due en entier aux abus de boissons ou bien si ceux-ci ont borné leur rôle à rendre « le foie plus sensible à l'action de la tuberculose ».

Les éléments de différenciation doivent être tirés de la recherche soigneuse du mode d'apparition des divers symptômes appartenant aux deux facteurs (alcool, tuberculose) à incriminer, et aussi de la marche même des accidents. Voici comment Lauth expose les signes qui relèvent de la cirrhose tuberculeuse et qui serviront, dans l'espèce, à fixer le jugement. « D'une façon générale, le début est signalé par des douleurs abdominales s'accompagnant d'un léger épanchement; tantôt on observe de la constipation, tantôt de la diarrhée qui dépend alors des ulcérations intestinales ou de la péritonite tuberculeuse. Les douleurs abdominales sont peu intenses et surtout

appréciables à la région hépatique, qui est souvent
le seul point sensible; on note en même temps un
certain développement du foie, qui est douloureux à la pression; plus rarement il est diminué
de volume et cela s'observe plutôt à la fin de
l'affection. L'épanchement abdóminal ne tarde
pas à augmenter, s'accompagnant de la dilatation
des veines sous-cutanées de l'abdomen et d'augmentation du volume de la rate. L'ascite se présente souvent comme dans la cirrhose atrophique et
nécessite des ponctions répétées; quelquefois elle
reste jusqu'à la fin en petite quantité. Il est vrai
que l'ictère existe assez souvent et cela principalement dans la dernière période de l'affection;
mais il n'est jamais franc et se borne à une teinte
subictérique (les urines contiennent peu de bile);
il reconnaît certainement pour cause un certain
degré d'hépatite parenchymateuse, qui survient
comme complication de la cirrhose. C'est un
phénomène qui répond aux faits connus de terminaison des affections hépatiques par ictère
grave. »

« Tous les auteurs ont signalé l'évolution rapide de la cirrhose qui survient au cours de le
tuberculose; et on peut établir en fait que chez
les tuberculeux, même au début, l'apparition de
symptômes abdominaux résultant de l'envahisse-
ment par les bacilles du foie et du péritoine est
d'un pronostic fatal à brève échéance; les malades
sont emportés dans l'espace de quelques semaines
à deux ou trois mois. Dans le cas où les signes de
cirrhose et de péritonite tuberculeuse restent
seuls en scène, la maladie garde jusqu'à la fin
la physionomie d'une cirrhose; le malade suc-
combe aux progrès d'une cachexie rapide.... »

Le diagnostic avec la cirrhose cardiaque ne
semble pas comporter de sérieuses difficultés, si
l'on étudie la chronologie des accidents. Les crises
d'asystolie antérieures, la marche et les caractères des œdèmes, les signes stéthoscopiques ne
laisseront pas de prise au doute.

Le cancer du péritoine s'accompagne habituellement de douleurs lancinantes; parfois il y a de
petits nodules cancéreux sous-cutanés. La ca-

chexie est plus rapide et offre des caractères spé-
ciaux. Sauf s'il s'agit de carcinose miliaire, la
palpation de l'abdomen, après ponction, permet
de reconnaître l'existence de masses profondes,
de nodosités, d'indurations. De plus, le liquide
retiré présente le plus souvent une teinte hémorragique qui, sans être pathognomonique, est
cependant un précieux indice.

La pyléphlébite ne pourrait prêter à confusion
que bien peu de temps, car s'il y a des symptômes
communs tels que l'abondance de l'ascite et le
développement de la circulation collatérale, le
début des accidents est aigu et la marche est très
rapide.

Le cancer du foie ne donne lieu que tardive-
ment à de l'ascite, alors que l'organe hypertrophié ne peut échapper à l'exploration directe. Il
y a à ce moment une cachexie prononcée, la rate
n'est pas hypertrophiée, etc., etc.

Nous ne parlons que pour mémoire du foie
syphilitique et du foie paludéen, dont les caractères cliniques diffèrent, par trop de traits

essenticls, de ceux de la cirrhose alcoolique.

Une notion domine toute cette question du diagnostic, c'est la notion étiologique. Il y a là toute une série de considérations, que nous avons déjà abordées à propos de l'étiologie et de la pathogénie.

L'apparition de tous les symptômes qui ont été énumérés, chez un sujet entaché d'alcoolisme, entraîne sans aucun doute avec elle l'idée d'une cirrhose alcoolique et, pour cette catégorie de faits, en dehors de l'intervention nettement prouvée de tout autre élément causal, aucune arrière-pensée ne peut subsister.

Mais, il est utile de le rappeler ici, on peut voir se dérouler le tableau clinique de la cirrhose chez des malades n'ayant fait que des excès peu importants ou même chez des individus n'offrant aucune tare éthylique.

On peut admettre que la cirrhose s'est développée chez les premiers grâce à une susceptibilité plus grande de l'organe hépatique vis-à-vis de l'agent toxique, et le diagnostic de cirrhose

alcoolique pourra encore ainsi, dans ce cas, être
légitimement posé. Cette opinion n'aura toutefois
de valeur absolue et ne pourra être acceptée d'une
façon exclusive que lorsque toutes les autres
causes, capables de provoquer la cirrhose hépatique, auront été logiquement éliminées. En ce
qui concerne les sujets cirrhotiques indemnes de
tout antécédent alcoolique, nous renvoyons aux
classifications des cirrhoses que nous avons données dans notre premier chapitre. On a vu que
ces causes sont multiples et que, si leur histoire
est assez mal délimitée pour quelques-unes d'entre elles (saturnisme, toxi-infection), il y a là néan-
moins un ensemble de faits notoirement démontrés, avec lesquels il y a lieu désormais de compter dans la pratique.

Le diagnostic de cirrhose alcoolique une fois
formulé, certaines recherches s'imposent encore
relativement à la durée probable de la maladie, à
l'éclosion possible de certaines complications, etc.

Nous nous contenterons ici de cette simple
mention.

Retenons toutefois l'intérêt pronostique considérable qui s'attache à l'exploration directe du foie, puisque les cirrhoses à gros foie se comportent plus souvent d'une façon relativement bénigne et évoluent en général avec une plus grande lenteur que les cirrhoses à forme atrophique.

CHAPITRE X

TRAITEMENT

Nous esquisserons seulement les indications principales du traitement.

Une première règle doit être inscrite en tête de ce chapitre : c'est la suppression absolue de l'alcool.

Au début, lorsque la maladie est encore au stade des congestions répétées qui précèdent si souvent la cirrhose ou accompagnent son évolution initiale, la proscription des liquides alcooliques et de toutes les boissons excitantes, des mets épicés, qui stimulent d'une façon exagérée le fonctionnement hépatique, et des graisses, dont la digestion exige le concours des sucs biliaires en abondance, suffira, dans bien des cas, à enrayer

momentanément les accidents. Le régime lacté
sera un adjuvant précieux, tant par son action sur
les phénomènes gastro-intestinaux que par ses
propriétés diurétiques.

Parfois dès cette époque, les modifications de
l'hygiène alimentaire se montreront inefficaces et
les mêmes ressources devront être mises en jeu
qu'à une période plus avancée de l'affection.

Peut-on agir sur le tissu de sclérose?

L'usage de l'iodure de potassium est classique
à ce point de vue (Lancereaux).

L'emploi du calomel à petites doses (Bouchard)
offrirait aussi des avantages multiples. Outre ses
effets possibles sur la nutrition du foie et peut-
être même sur le tissu fibreux, il est capable
d'exercer une influence purgative et diurétique,
et d'autre part son rôle comme antiseptique intestinal ne saurait être contesté.

Il y a là, en effet, un triple but que la médication devra presque constamment poursuivre.

L'importance de l'antisepsie intestinale n'a pas
besoin d'être mise en relief : elle est entrée au-

jourd'hui dans le domaine de la thérapeutique classique.

Quant à ce qui concerne le choix des purgatifs ou des diurétiques comme médicaments propres à favoriser la résorption de l'épanchement périto-néal, les avis ont différé.

Les purgatifs légers, pris d'une façon pério-dique, pourront être sans aucun doute d'un grand secours, mais c'est surtout à la voie rénale qu'il faudra s'adresser pour provoquer l'élimination des liquides et la dépuration organique. L'asso-ciation au régime lacté de l'oxymel scillitique, du nitrate ou de l'acétate de potasse, etc., rendra, dans l'espèce, de réels services.

Tels sont, sauf complications intercurrentes, les moyens les plus rationnels à opposer au déve-loppement de la cirrhose alcoolique.

Une dernière indication, d'ordre opératoire, sera tirée de l'abondance de l'épanchement asci-tique : nous voulons parler de la ponction.

Ce n'est pas ici le lieu d'insister sur les précau-tions antiseptiques qui devront être prises, sur le

mode opératoire pour lequel on aura à se dé-
cider (aspiration, ponction directe avec le tro-
cart), etc.

Quelques considérations sont pourtant au moins
à mentionner.

Il sera bon de ne pas attendre, pour pratiquer
l'évacuation de l'ascite, que le ventre ait été dis-
tendu outre mesure : les parois abdominales recouvrent en effet difficilement alors leur tonicité,
et d'autre part, en pareille occurrence, la diurèse
ne peut être obtenue qu'à grand'peine.

Dans certains cas, la ponction, si le malade est
soumis au régime et à la médication appropriés,
sera suivie de la disparition de tous les symptômes
cirrhotiques et pourra donner, dans les conditions
que nous avons vues, l'espoir d'une guérison véritable et définitive. Mais bien souvent la reproduc-
tion du liquide se fait avec une rapidité désolante,
les ponctions deviennent de plus en plus souvent
nécessaires, et ce n'est pas, à la dernière phase
de la maladie, une des moindres causes d'affaiblissement et de déchéance progressive, que ces

soustractions énormes de liquide, trop fréquemment répétées et pourtant indispensables pour
lutter contre les dangers immédiats de l'asphyxie
mécanique.

TABLE DES MATIÈRES

Pages.

Préface   1

Chapitre I

Historique résumé de la doctrine des cirrhoses du foie.   5

Chapitre II

Étiologie. — Causes prédisposantes. 37
Cause déterminante. Alcool. 50

Chapitre III

Anatomie pathologique. — 1° Cirrhose atrophique. . 56

A. Étude macroscopique. 56

B. Étude microscopique. 65

  a. Topographie. 66

  b. Lésions détaillées 78

2° Cirrhose alcoolique hypertrophique.
(Autres formes histologiques) 93

Chapitre IV

Pathogénie. Expérimentation 98

Pages.

CHAPITRE V

Symptomatologie. — Période de début. Petits signes
de la cirrhose. Période ascitique 109

CHAPITRE VI

Marche et complications 156

CHAPITRE VII

Durée. Formes 144

CHAPITRE VIII

Pronostic 153

CHAPITRE IX

Diagnostic 158

CHAPITRE X

Traitement 171

32 026. — PARIS, IMPRIMERIE LAHURE

9, rue de Fleurus, 9.

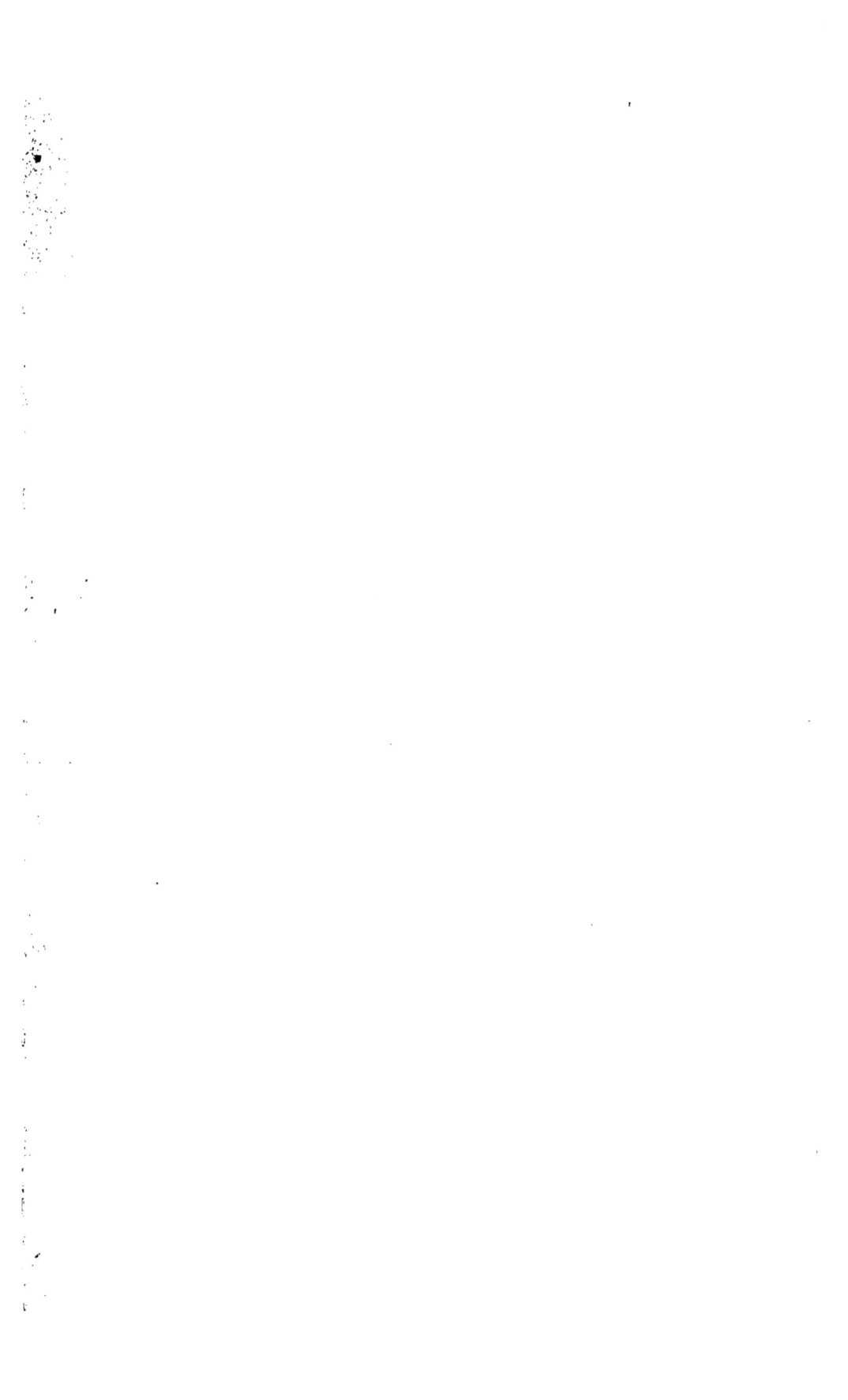

.

www.ingramcontent.com/pod-product-compliance
Lightning Source LLC
Chambersburg PA
CBHW060609210326
41519CB00014B/3614